高等职业教育"互联网+"创新型系列教材

基于Arduino平台的单片机控制技术

主　编　文　平　　方春晖　　程　威
副主编　周子琦　　何　芸　　潘　涛
参　编　陈利萍　　陈　颖　　熊兴芳
　　　　邹艳华　　马　瑾

机械工业出版社

本书主要内容包括：两个基础知识章节——学习 Arduino 硬件及开发环境、学习 C 语言编程；6 个基础实验——简单灯的控制实验设计、可调灯实验设计、按键实验设计、蜂鸣器实验设计、传感器实验设计和电动机实验设计；9 个实训项目设计——LCD1602 液晶显示实训项目设计、串口通信实训项目设计、温度传感器 DS18B20 实训项目设计、温湿度传感器 DHT11 实训项目设计、超声波 HC-SR04 模块实训项目设计、数码管的使用实训项目设计、I^2C 接口的 LCD12864 显示实训项目设计、蓝牙模块实训项目设计和 WiFi 模块实训项目设计。每个章节的内容均由易到难，代码由简单到复杂，为了强化学习效果，还配有程序拓展实训报告。

本书适合作为高等职业院校电子信息类物联网应用技术、汽车智能技术等专业的教材，以及职业教育领域其他专业单片机控制技术课程或编程语言入门课程的教材，也可作为各种培训班和编程爱好者的自学参考书。

为方便教学，本书配有电子课件、课后作业答案、模拟试卷及答案、二维码视频等教学资源。凡选用本书作为授课教材的教师，均可通过 QQ（2314073523）索取。

图书在版编目（CIP）数据

基于 Arduino 平台的单片机控制技术 / 文平，方春晖，程威主编 . -- 北京：机械工业出版社，2024.10.
（高等职业教育"互联网 +"创新型系列教材）. -- ISBN 978-7-111-77076-3

Ⅰ . TP368.1

中国国家版本馆 CIP 数据核字第 2024HE1503 号

机械工业出版社（北京市百万庄大街 22 号　邮政编码 100037）
策划编辑：曲世海　　　　　　责任编辑：曲世海　赵晓峰
责任校对：肖　琳　王　延　　封面设计：马若濛
责任印制：单爱军
北京虎彩文化传播有限公司印刷
2025 年 4 月第 1 版第 1 次印刷
184mm×260mm · 11.5 印张 · 261 千字
标准书号：ISBN 978-7-111-77076-3
定价：39.00 元

电话服务　　　　　　　　　网络服务
客服电话：010-88361066　　机　工　官　网：www.cmpbook.com
　　　　　010-88379833　　机　工　官　博：weibo.com/cmp1952
　　　　　010-68326294　　金　书　网：www.golden-book.com
封底无防伪标均为盗版　　　机工教育服务网：www.cmpedu.com

前言

Arduino 平台拥有多种图形化编程工具，大大降低了学习编程控制的入门门槛。此外，Arduino 文本编程语言将很多单片机底层的控制语句进行了二次封装，让学习者聚焦程序的控制逻辑本身，很容易激发学生的学习兴趣，短期学习后即可进行项目开发，为后续编程类课程的学习奠定了良好的启蒙基础。

本书以开源平台 Arduino 作为单片机控制技术课程教学载体，以 Mind+ 图形编程软件作为主要开发手段，从图形化编程引入，以文本代码的编写强化 C 语言程序设计思维训练，能够让学生通过典型的项目实训掌握单片机控制技术的实际应用。

本书编者全部是一直工作于职业学校教学一线、承担"C 语言程序设计""单片机技术应用"等课程教学多年的教师，长期从事 C 语言编程工作，有丰富的教学经验和课程建设经验。本书共设计 6 个实验设计和 9 个实训项目设计，基于 Arduino 平台和 Mind+ 图形编程软件将 C 语言的内容由浅入深、层次分明地娓娓道来，非常适合编程初学者思维模式的培养及训练。每个实验和实训项目均给出了学习目标，将知识点和所要达到的学习目的加以明确；每个实训项目都对项目进行了详细的分析并提供了源程序，项目从易到难，使学生逐步掌握相关的知识点，教师可结合实际情况对项目做适当删减；项目要求学生独立完成，以检验是否达到了本项目的要求；拓展实训报告要求学生记录下项目中的要点以及自己的体会，为今后的学习提供参考；本书中每个项目都配了电路连接示意图，便于学生实践。教学学时建议为 76 学时，可根据教学需要进行适当增减。

本书由云南交通职业技术学院文平、方春晖、程威任主编，周子琦、何芸、潘涛任副主编，陈利萍、陈颖、熊兴芳、邹艳华、马瑾任参编。

尽管编者尽了最大努力，也有良好负责的态度，但限于编者水平，难免存在疏漏与不足，恳请各位读者批评指正，以便再版时修订，在此深表感谢。

编　者

目 录

前言

第1章 基础知识——学习Arduino硬件及开发环境 ………… 1
1.1 Arduino基本介绍 …………………… 1
1.1.1 Arduino简介 ………………… 1
1.1.2 Arduino的特点 ……………… 1
1.1.3 Arduino Uno硬件介绍 ……… 2
1.2 编程软件介绍 ……………………… 4
1.2.1 Arduino开发环境 …………… 4
1.2.2 Mind+图形编程软件 ………… 8
1.3 拓展实训报告 ……………………… 12
课后作业 …………………………………… 12

第2章 基础知识——学习C语言编程 ………………………………… 13
2.1 C语言简介 ………………………… 13
2.1.1 C语言的概念 ………………… 13
2.1.2 C语言的特点 ………………… 13
2.2 C语言基础 ………………………… 13
2.2.1 标识符 ………………………… 13
2.2.2 关键字 ………………………… 14
2.2.3 运算符 ………………………… 15
2.3 常量与变量 ………………………… 16
2.3.1 常量 …………………………… 16
2.3.2 变量 …………………………… 17
2.4 拓展实训报告 ……………………… 18
课后作业 …………………………………… 19

第3章 简单灯的控制实验设计 ……… 20
3.1 魔法开关灯 ………………………… 20
3.1.1 学习目标 ……………………… 20
3.1.2 图形化编程 …………………… 20
3.2 上传模式开关灯 …………………… 25
3.2.1 学习目标 ……………………… 25
3.2.2 图形化编程 …………………… 26
3.2.3 代码学习 ……………………… 28
3.3 LED七彩跳变灯 …………………… 31
3.3.1 学习目标 ……………………… 31
3.3.2 图形化编程 …………………… 31
3.3.3 代码学习 ……………………… 35
3.3.4 程序拓展 ……………………… 37
3.4 拓展实训报告 ……………………… 37
课后作业 …………………………………… 38

第4章 可调灯实验设计 ……………… 39
4.1 简易呼吸灯 ………………………… 39
4.1.1 学习目标 ……………………… 39
4.1.2 图形化编程 …………………… 39
4.1.3 代码学习 ……………………… 44
4.2 RGB炫彩灯 ………………………… 47
4.2.1 学习目标 ……………………… 47
4.2.2 图形化编程 …………………… 48
4.2.3 代码学习 ……………………… 52
4.2.4 程序拓展 ……………………… 53
4.3 拓展实训报告 ……………………… 54

课后作业 ················· 54

第5章　按键实验设计 ················· 55
5.1　按键控制灯泡 ················· 55
　　5.1.1　学习目标 ················· 55
　　5.1.2　图形化编程 ················· 56
　　5.1.3　代码学习 ················· 59
5.2　继电器实验 ················· 60
　　5.2.1　学习目标 ················· 61
　　5.2.2　图形化编程 ················· 61
　　5.2.3　代码学习 ················· 63
　　5.2.4　程序拓展 ················· 64
5.3　拓展实训报告 ················· 64
　　课后作业 ················· 65

第6章　蜂鸣器实验设计 ················· 66
6.1　按键控制蜂鸣器 ················· 66
　　6.1.1　学习目标 ················· 66
　　6.1.2　图形化编程 ················· 66
　　6.1.3　代码学习 ················· 69
6.2　报警器 ················· 70
　　6.2.1　学习目标 ················· 70
　　6.2.2　图形化编程 ················· 70
　　6.2.3　代码学习 ················· 73
　　6.2.4　程序拓展 ················· 74
6.3　拓展实训报告 ················· 74
　　课后作业 ················· 75

第7章　传感器实验设计 ················· 76
7.1　感光灯 ················· 76
　　7.1.1　学习目标 ················· 76
　　7.1.2　图形化编程 ················· 76
　　7.1.3　代码学习 ················· 79
7.2　声控灯 ················· 80
　　7.2.1　学习目标 ················· 80
　　7.2.2　图形化编程 ················· 80
　　7.2.3　代码学习 ················· 84
　　7.2.4　程序拓展 ················· 84
7.3　拓展实训报告 ················· 85

　　课后作业 ················· 85

第8章　电动机实验设计 ················· 86
8.1　舵机转动 ················· 86
　　8.1.1　学习目标 ················· 86
　　8.1.2　图形化编程 ················· 86
　　8.1.3　代码学习 ················· 89
8.2　可控舵机 ················· 90
　　8.2.1　学习目标 ················· 90
　　8.2.2　图形化编程 ················· 90
　　8.2.3　代码学习 ················· 92
　　8.2.4　程序拓展 ················· 93
8.3　拓展实训报告 ················· 94
　　课后作业 ················· 94

第9章　LCD1602液晶显示实训项目设计 ················· 95
9.1　实训描述 ················· 95
9.2　学习目标 ················· 95
9.3　硬件知识 ················· 95
　　9.3.1　材料清单 ················· 95
　　9.3.2　LCD1602介绍 ················· 96
　　9.3.3　硬件接线 ················· 97
9.4　图形化编程 ················· 98
　　9.4.1　知识要点 ················· 98
　　9.4.2　程序编写 ················· 98
　　9.4.3　程序调整及拓展 ················· 99
9.5　代码编程 ················· 100
　　9.5.1　LCD1602库函数 ················· 100
　　9.5.2　程序编写 ················· 102
　　9.5.3　程序调整及拓展 ················· 102
9.6　拓展实训报告 ················· 103
　　课后作业 ················· 103

第10章　串口通信实训项目设计 ················· 105
10.1　实训描述 ················· 105
10.2　学习目标 ················· 105
10.3　硬件知识 ················· 105
　　10.3.1　材料清单 ················· 105

10.3.2 硬件材料介绍 …………… 106	12.3.2 温湿度传感器模块介绍 ……… 124
10.3.3 硬件连线 …………………… 106	12.3.3 硬件连线 …………………… 125
10.4 图形化编程 ………………………… 107	12.4 图形化编程 ………………………… 126
10.4.1 知识要点 …………………… 107	12.4.1 知识要点 …………………… 126
10.4.2 程序编写 …………………… 108	12.4.2 程序编写 …………………… 126
10.4.3 程序拓展 …………………… 108	12.4.3 程序拓展 …………………… 127
10.5 代码编程 …………………………… 108	12.5 代码编程 …………………………… 127
10.5.1 串口通信语句 ……………… 108	12.5.1 代码知识 …………………… 127
10.5.2 程序编写 …………………… 112	12.5.2 程序编写 …………………… 129
10.5.3 程序拓展 …………………… 112	12.5.3 程序拓展 …………………… 130
10.6 拓展实训报告 ……………………… 113	12.6 拓展实训报告 ……………………… 130
课后作业 ……………………………………… 113	课后作业 ……………………………………… 130

第 11 章 温度传感器 DS18B20 实训项目设计 …………… 114

11.1 实训描述 …………………………… 114
11.2 学习目标 …………………………… 114
11.3 硬件知识 …………………………… 114
11.3.1 材料清单 …………………… 114
11.3.2 温度传感器介绍 …………… 115
11.3.3 硬件连线 …………………… 116
11.4 图形化编程 ………………………… 117
11.4.1 知识要点 …………………… 117
11.4.2 程序编写 …………………… 117
11.4.3 程序拓展 …………………… 117
11.5 代码编程 …………………………… 117
11.5.1 DS18B20 的控制命令和基本操作 ……………………… 117
11.5.2 程序编写 …………………… 119
11.5.3 程序拓展 …………………… 121
11.6 拓展实训报告 ……………………… 121
课后作业 ……………………………………… 122

第 12 章 温湿度传感器 DHT11 实训项目设计 …………… 123

12.1 实训描述 …………………………… 123
12.2 学习目标 …………………………… 123
12.3 硬件知识 …………………………… 123
12.3.1 材料清单 …………………… 123

第 13 章 超声波 HC-SR04 模块实训项目设计 …………… 132

13.1 实训描述 …………………………… 132
13.2 学习目标 …………………………… 132
13.3 硬件知识 …………………………… 132
13.3.1 材料清单 …………………… 132
13.3.2 硬件材料介绍 ……………… 133
13.3.3 硬件连线 …………………… 134
13.4 代码编程 …………………………… 135
13.4.1 代码知识 …………………… 135
13.4.2 程序编写 …………………… 136
13.4.3 程序拓展 …………………… 136
13.5 拓展实训报告 ……………………… 137
课后作业 ……………………………………… 137

第 14 章 数码管的使用实训项目设计 …………… 139

14.1 实训描述 …………………………… 139
14.2 学习目标 …………………………… 139
14.3 硬件知识 …………………………… 139
14.3.1 材料清单 …………………… 139
14.3.2 硬件材料介绍 ……………… 140
14.3.3 硬件连线 …………………… 142
14.4 图形化编程 ………………………… 144
14.4.1 知识要点 …………………… 144
14.4.2 程序编写 …………………… 144

14.4.3 程序调整及拓展 …………… 145
14.5 代码编程 ………………………… 145
　14.5.1 代码知识 …………………… 145
　14.5.2 程序编写 …………………… 145
　14.5.3 程序调整及拓展 …………… 147
14.6 拓展实训报告 …………………… 148
课后作业 ………………………………… 149

第 15 章　I²C 接口的 LCD12864 显示实训项目设计 …………… 150

15.1 实训描述 ………………………… 150
15.2 学习目标 ………………………… 150
15.3 硬件知识 ………………………… 150
　15.3.1 材料清单 …………………… 150
　15.3.2 LCD12864 介绍 …………… 151
　15.3.3 硬件接线 …………………… 151
15.4 代码编程 ………………………… 153
　15.4.1 代码知识 …………………… 153
　15.4.2 程序编写 …………………… 153
　15.4.3 程序拓展 …………………… 154
15.5 拓展实训报告 …………………… 155
课后作业 ………………………………… 155

第 16 章　蓝牙模块实训项目设计 …… 156

16.1 实训描述 ………………………… 156
16.2 学习目标 ………………………… 156
16.3 硬件知识 ………………………… 156
　16.3.1 材料清单 …………………… 156
　16.3.2 硬件材料介绍 ……………… 157
　16.3.3 实训硬件连线 ……………… 157
16.4 蓝牙测试 ………………………… 158

16.4.1 Arduino 与蓝牙模块的接线 …… 158
　16.4.2 烧录蓝牙测试程序 ………… 159
　16.4.3 手机连接蓝牙 ……………… 161
16.5 代码编程 ………………………… 163
　16.5.1 代码知识 …………………… 163
　16.5.2 程序编写 …………………… 163
　16.5.3 程序拓展 …………………… 164
16.6 拓展实训报告 …………………… 164
课后作业 ………………………………… 165

第 17 章　WiFi 模块实训项目设计 …… 166

17.1 实训描述 ………………………… 166
17.2 学习目标 ………………………… 166
17.3 硬件知识 ………………………… 166
　17.3.1 材料清单 …………………… 166
　17.3.2 硬件材料介绍 ……………… 167
　17.3.3 DT-06 引脚及功能 ………… 167
　17.3.4 实训硬件连线 ……………… 167
17.4 WiFi 模块配置 …………………… 168
　17.4.1 连接 WiFi …………………… 168
　17.4.2 页面配置 …………………… 169
　17.4.3 WiFi 测试 …………………… 171
17.5 代码编程 ………………………… 172
　17.5.1 代码知识 …………………… 172
　17.5.2 程序编写 …………………… 172
　17.5.3 程序拓展 …………………… 174
17.6 拓展实训报告 …………………… 174
课后作业 ………………………………… 175

参考文献 …………………………………… 176

第 1 章

基础知识——学习 Arduino 硬件及开发环境

1.1 Arduino 基本介绍

1.1.1 Arduino 简介

Arduino 由一个基于单片机并且开放源代码的硬件平台和一套为 Arduino 板编写程序的开发环境组成。

Arduino 可以用来开发交互产品，比如它可以读取大量的开关和传感器信号，并且可以控制各式各样的电灯、电动机和其他物理设备。Arduino 既可以是单独运行的，也可以在运行时和计算机中运行的程序 [例如 Flash、Processing（图形设计语言）、MaxMSP] 进行通信。Arduino 板可以手动组装或是购买已经组装好的。Arduino 开源的 IDE（集成开发环境）可以免费下载。

Arduino 编程语言基于处理多媒体的编程环境。使用 Arduino 编程语言编程时，就像在对一个类似于物理的计算平台进行相应的连线。

1.1.2 Arduino 的特点

有很多的单片机和单片机平台都适合用作交互式系统的设计，对所有这些单片机和单片机平台，使用者都不需要去关心单片机编程的细节，提供给使用者的是一套容易使用的工具包。Arduino 虽然同样也简化了与单片机工作的流程，但同其他系统相比 Arduino 在很多地方更具有优越性，特别适合教师、学生和一些业余爱好者使用。

1）便宜。和其他平台相比，Arduino 板相当便宜。Arduino 板可以自己动手制作，即使是组装好的成品，其价格也比较低廉。

2）跨平台。Arduino 软件可以运行在 Windows、macOS 和 Linux 操作系统中，而其他大部分的单片机系统都只能运行在 Windows 上。

3）简易的编程环境。初学者很容易就能学会使用 Arduino 编程环境，同时它又能为高级用户提供足够多的高级应用。如果使用过 Processing 编程环境的话，在使用 Arduino 开发环境的时候就会觉得很相似、很熟悉。

4)软件开源并可扩展。Arduino 软件是开源的,对于有经验的程序员可以对其进行扩展。Arduino 编程语言可以通过 C++ 库进行扩展。

5)硬件开源并可扩展。Arduino 板基于 Atmel 的 ATmega8 和 ATmega168/328 单片机。Arduino 基于 Creative Commons(知识共享)许可协议,所以有经验的电路设计师能够根据需求设计自己的模块,可以对其扩展或改进。甚至是对于一些相对没有什么经验的用户,也可以通过制作试验板来理解 Arduino 是怎么工作的,省钱又省事。

1.1.3　Arduino Uno 硬件介绍

在 Arduino 系列中使用广泛的一款开发板是 Arduino Uno R3 板。它基于 ATmega328P 单片机。Arduino Uno R3 板共有 14 个数字 I/O(输入/输出)端口 [其中 6 个可以作为 PWM(脉宽调制)输出端口]、6 个模拟端口、1 个 16MHz 晶体振荡器、1 个 USB 接口、1 个 DC 电源插座、1 个 ICSP header 和 1 个复位按钮,如图 1-1 所示。

图 1-1　Arduino Uno R3 板

1. Arduino Uno 板参数

Arduino Uno 板参数见表 1-1。

表 1-1　Arduino Uno 板参数

参数	具体内容
微处理器	ATmega328P
工作电压 /V	5
输入电压(推荐)/V	7~12
输入电压(限值)/V	6~20
数字输入/输出引脚	14 路(其中 6 路可用于 PWM 输出)
PWM 数字 I/O 引脚	6
模拟输入引脚	6
每路输入/输出引脚的直流电流 /mA	20

第 1 章 基础知识——学习 Arduino 硬件及开发环境

（续）

参数	具体内容
3.3V 引脚的直流电流 /mA	50
闪存存储器	32KB，其中引导程序占用 0.5KB
SRAM	2KB（ATmega328P）
EEPROM	1KB（ATmega328P）
时钟频率 /MHz	16
长度 /mm	68.6
宽度 /mm	53.4
质量 /g	25

2. 详细介绍

（1）电源（Power） Arduino Uno 有 3 种供电方式：

1）通过 USB 接口供电，电压为 5V。

2）通过 DC 电源输入接口供电，电压要求 7～12V。

3）通过电源接口 5V 或者 VIN 端口供电，5V 端口处供电必须为 5V，VIN 端口处供电为 7～12V。

（2）指示灯 [发光二极管（LED）] Arduino Uno 带有 4 个 LED 指示灯，作用分别是：

1）ON，电源指示灯。当 Arduino 通电时，ON 灯会点亮。

2）TX，串口发送指示灯。当使用 USB 连接到计算机且 Arduino 向计算机传输数据时，TX 灯会点亮。

3）RX，串口接收指示灯。当使用 USB 连接到计算机且 Arduino 接收到计算机传来的数据时，RX 灯会点亮。

4）L，可编程控制指示灯。该 LED 通过特殊电路连接到 Arduino 的 13 号引脚，当 13 号引脚为高电平或高阻态时，该 LED 会点亮；当为低电平时，不会点亮。因此，可以通过程序或者外部输入信号来控制该 LED 的亮灭。

（3）复位按钮（Reset Button） 按下该按钮可使 Arduino 重新启动，从头开始运行程序。

（4）存储空间（Memory） Arduino 的存储空间即是其主控芯片所集成的存储空间。也可以通过使用外设芯片的方式来扩展 Arduino 的存储空间。

Arduino Uno 的存储空间分为以下 3 种：

1）Flash，容量为 32KB。其中 0.5KB 作为 BOOT 区用于存储引导程序，实现通过串口下载程序的功能；另外的 31.5KB 作为用户存储程序的空间。相对于现在动辄几百吉字节的硬盘，可能觉得 32KB 太小了，但是在单片机上，32KB 已经可以存储很大的程序了。

2）SRAM，容量为 2KB。SRAM 相当于计算机的内存，当 CPU（中央处理器）进行运算时，需要在其中开辟一定的存储空间。当 Arduino 断电或复位后，其中的数据都会丢失。

3）EEPROM，全称为电擦除可编程只读存储器，容量为 1KB，是一种用户可更改的只读存储器，其特点是在 Arduino 断电或复位后，其中的数据不会丢失。

（5）输入/输出端口（Input/Output Port） Arduino Uno 有 14 个数字输入/输出端口，6 个模拟输入端口。其中一些带有特殊功能，这些端口如下：

1）UART 通信，为 0（RX）和 1（TX）引脚，被用于接收和发送串口数据。这两个引脚通过连接到 ATmega16 U2 来与计算机进行串口通信。外部中断，为 2 和 3 引脚，可以输入外部中断信号。

2）PWM 输出，为 3、5、6、9、10 和 11 引脚，可用于输出 PWM 波。SPI 通信，为 10（SS）、11（MOSI）、12（MISO）和 13（SCK）引脚，可用于 SPI 通信。

3）TWI 通信，为 A4（SDA）、A5（SCL）引脚和 TWI 接口，可用于 TWI 通信，兼容 I^2C 通信。

4）AREF，模拟输入参考电压的输入端口。

5）Reset，复位端口。接低电平会使 Arduino 复位。当复位按钮被按下时，会使该端口接到低电平，从而使 Arduino 复位。

1.2 编程软件介绍

1.2.1 Arduino 开发环境

1. Arduino 开发环境安装

以 Arduino-1.0.5-windows.exe 版本为例，官方网址下载安装包。

1）打开安装包 Arduino-1.0.5-windows.exe，如图 1-2 所示。

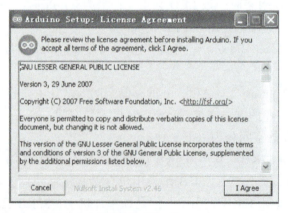

图 1-2 第一步

2）单击"I Agree"，打开图 1-3 所示窗口。

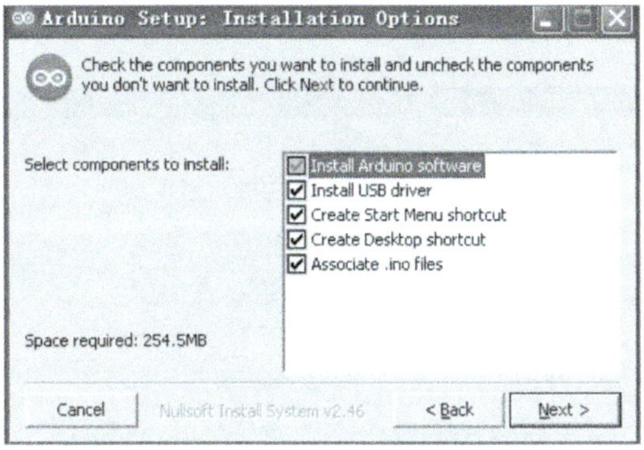

第1章 基础知识——学习Arduino硬件及开发环境

图1-3 第二步

3）单击"Next"，打开图1-4所示窗口。

图1-4 第三步

4）选择安装路径，单击"Install"，打开图1-5所示窗口。

图1-5 第四步

5）完成后单击"Close"。

2. 开发环境的使用

1）打开Arduino开发环境 ∞ 。

2）选择菜单"file → Preferences"，打开图 1-6 所示窗口。

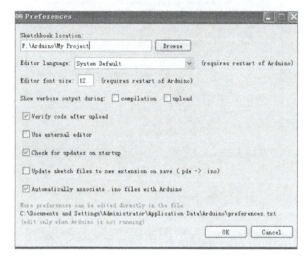

图 1-6　Preferences 界面

3）选择简体中文开发环境，如图 1-7 所示，然后单击"OK"按钮。

图 1-7　中文开发环境选择

4）在菜单"工具→板卡"下找到开发板，选择 Arduino Uno，如图 1-8 所示。

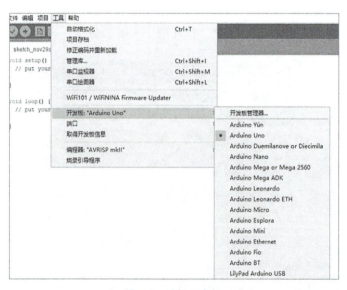

图 1-8　选择开发板

5）查看 Arduino 板所在串口后，在菜单"工具→串口"中选择对应的 COM 口，如图 1-9 所示。

第 1 章 基础知识——学习 Arduino 硬件及开发环境

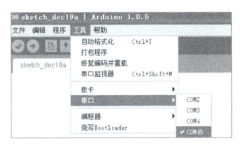

图 1-9 串口选择

6）打开一个例程，测试板子是否运转正常，单击"文件→示例→ 01.Basics → Blink"，打开图 1-10 所示页面。

图 1-10 示例程序

7）单击"编译""下载"按钮看板子上的 LED 是否以 1s 的频率闪烁，如图 1-11 所示。

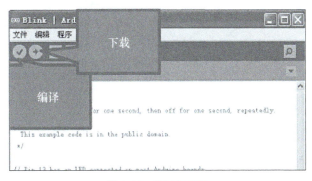

图 1-11 编译与下载

1.2.2 Mind+ 图形编程软件

Mind+ 官方版是一款拥有自主知识产权的编程软件，Mind+ 编程软件全面支持国内外主流主控板、扩展板和外设等各种开源硬件，Mind+ 编程软件支持 AI 与 IoT 功能，只需要拖动图形化程序块即可完成编程，还可以使用 Python/C/C++ 等高级编程语言，让用户轻松体验创造的乐趣。

1. Mind+ 的安装步骤

1）在官网下载 Mind+ 编程软件安装包，解压后，双击 .exe 文件，选择安装语言为中文（简体），单击"OK"，如图 1-12 所示。

图 1-12　第一步

2）查看软件许可证协议，单击"我同意"，如图 1-13 所示。

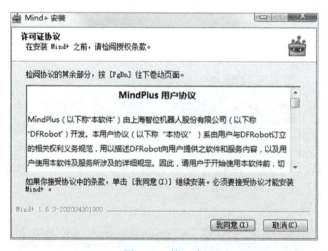

图 1-13　第二步

3）设置软件安装位置，单击"浏览"可以自由设置，建议选择安装在 D 盘，然后单击"安装"，如图 1-14 所示。

4）Mind+ 编程软件正在安装，如图 1-15 所示。

5）软件安装成功后，单击"完成"即可，如图 1-16 所示。

2. Mind+ 界面介绍

安装成功之后的 Mind+ 编程软件界面如图 1-17 所示。

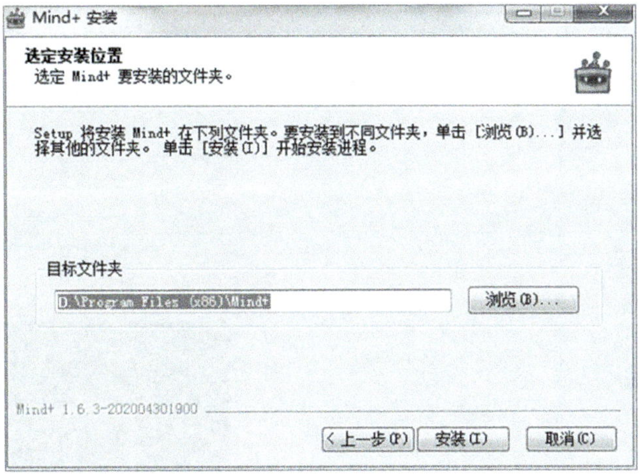

第 1 章　基础知识——学习 Arduino 硬件及开发环境

图 1-14　第三步

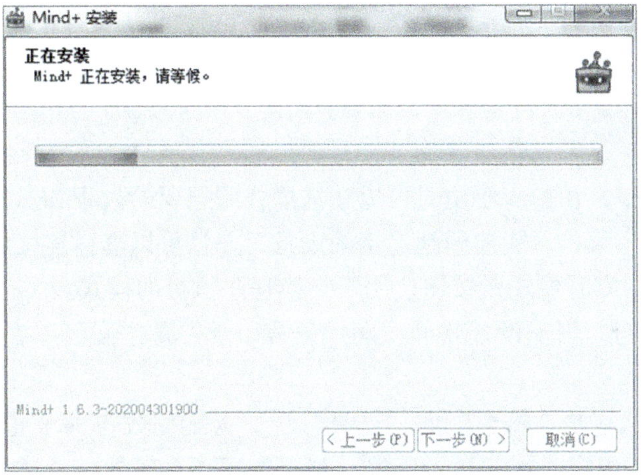

图 1-15　第四步

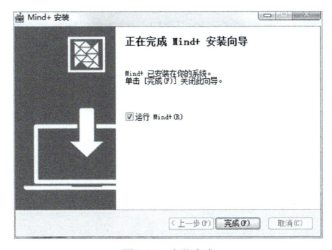

图 1-16　安装完成

基于 Arduino 平台的单片机控制技术

图 1-17　Mind+ 编程软件界面

（1）菜单栏　它是用来设置软件的区域。

1)"项目"菜单，可以新建项目、打开项目和保存项目。

2)"教程"菜单，在初步使用时可以在这里找到想要的教程和示例程序。

3)"连接设备"菜单，能检测到连接的设备，并且可以选择连接或是断开设备。

4)"上传模式 / 实时模式"按钮，用于切换程序执行的模式。

5)"设置"按钮，用于设置软件主题、语言、学习基本案例，在线或加入交流群进行咨询。

（2）指令区　这里是"舞台"的"道具"区，为了完成各种眼花缭乱的动作，需要很多不同的"道具"组合。在"扩展"里，可以选择更多额外的"道具"，支持各种硬件编程。

（3）脚本区　这里是"舞台表演"的核心，所有的"表演"都会按照"脚本区"的指令行动，这里是用户都能看得懂的图形化编程。拖曳指令区的指令就能在此编写程序。

（4）代码查看区　如果想弄清楚"脚本区"图形化指令的代码究竟是什么，这里是个好地方。

（5）串口区　想知道"表演"的效果如何，那必须要和"观众"互动。这里能显示下载状况，比如可以看到程序有没有成功下载，哪里出错了；显示程序运行状况；还能显示串口通信数据。例如，Arduino Uno 板外接了一个声音传感器，串口区就能显示声音数值大小。另外，还有串口开关、滚屏开关、清除输出、波特率口、串口输入框和输出格式控制。

3. Mind+ 与 Arduino 板连接及编程

1) 连接 Arduino 板。在菜单栏中选择"连接设备"，找到设备所对应 COM 口，选择连接，如图 1-18 所示。

第 1 章　基础知识——学习 Arduino 硬件及开发环境

图 1-18　连接设备

连接好设备后，在界面左下角单击"扩展"，进入"选择主控板"界面，如图 1-19 所示。

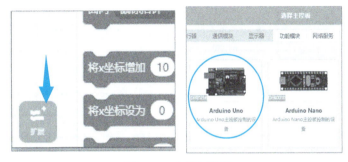

图 1-19　选择主控板

2）编写程序。根据需要在指令区选择相应指令进行编程，如图 1-20 所示。

图 1-20　选取指令

3）上传到设备。编写好程序后，单击"上传到设备"，将程序上传到 Arduino 主控板，如图 1-21 所示。

图 1-21　上传到设备

1.3　拓展实训报告

拓展实训名称	Arduino 开发环境及 Mind+ 编程软件的安装与调试		
材料清单	名称	型号	数量
难点分析			
程序代码			
实训总结			
教师评分			

课后作业

1. Arduino 是什么？
2. Arduino 编程语言是什么？

第 2 章

基础知识——学习 C 语言编程

2.1 C 语言简介

2.1.1 C 语言的概念

C 语言是一种编译型程序设计语言，它兼顾了多种高级语言的特点，并具备汇编语言的功能。目前，使用 C 语言进行程序设计已经成为软件开发的一个主流。用 C 语言开发系统可以大大缩短开发周期，明显增强程序的可读性，便于改进、扩充和移植。

Arduino 的编程语言就像在对一个物理平台进行相应的连线，它基于处理多媒体的编程环境。

2.1.2 C 语言的特点

1）C 语言作为一种非常方便的语言而得到广泛的支持，很多硬件开发都使用 C 语言编程，如各种单片机、DSP、ARM 等。

2）C 语言程序本身不依赖于机器硬件系统，基本上不做修改就可将程序从不同的单片机中移植过来。

3）C 语言提供了很多数学函数并支持浮点运算，开发效率高，故可缩短开发时间，增加程序可读性和可维护性。

2.2 C 语言基础

2.2.1 标识符

标识符用来标识源程序中某个对象的名字。这些对象可以是语句、数字类型、函数、变量和常量等。

标识符长度不超过 32 个字符，C 语言对于大小写字符敏感，所以在编写长程序的时候要注意大小写字符的区分。

2.2.2 关键字

C 语言的关键字共有 32 个，根据关键字的作用，可将其分为数据类型关键字、控制语句关键字、储存类型关键字和其他关键字共 4 类。

1. 数据类型关键字（12 个）

在 C/C++ 语言程序中，对所有数据都必须指定其数据类型。数据有常量和变量之分。需要注意的是，Arduino 中的部分数据类型与计算机中的有所不同。

① char：声明字符型变量或函数。
② double：声明双精度变量或函数。
③ enum：声明枚举类型。
④ float：声明浮点型变量或函数。
⑤ int：声明整型变量或函数。
⑥ long：声明长整型变量或函数。
⑦ short：声明短整型变量或函数。
⑧ signed：声明有符号类型变量或函数。
⑨ struct：声明结构体变量或函数。
⑩ union：声明共用体（联合）数据类型。
⑪ unsigned：声明无符号类型变量或函数。
⑫ void：声明函数无返回值或无参数，声明无类型指针。

2. 控制语句关键字（12 个）

① 循环语句（5 个）：for，是一种循环语句；do，循环语句的循环体；while，循环语句的循环条件；break，跳出当前循环；continue 结束当前循环，开始下一个循环。

② 条件语句（3 个）：if，条件语句；else，条件语句否定分支（与 if 连用）；goto，无条件跳转语句。

③ 开关语句（3 个）：switch，用于开关语句；case，开关语句分支；default，开关语句中的"其他"分支。

④ 语句（1 个）：return，子程序返回语句（可以带参数，也可以不带参数）。

3. 储存类型关键字（4 个）

① auto：声明自动变量，一般不使用。
② extern：声明变量已在其他文件中声明（也可以看作引用变量）。
③ register：声明寄存器变量。
④ static：声明静态变量。

4. 其他关键字（4 个）

① const：声明只读变量。

② sizeof：计算机数据类型长度。
③ typedef：用以给数据类型取别名。
④ volatile：说明变量在程序执行中可被隐含地改变。

2.2.3 运算符

运算符是告诉编译程序执行特定算术或逻辑操作的符号。C 语言的运算范围很宽，把除了控制语句和输入/输出以外几乎所有的基本操作都作为运算符操作处理。

1. 赋值运算符

赋值语句的作用是把某个常量、变量或表达式的值赋给另一个变量。C 语言中，赋值运算符符号为"="，这里并不是等于的意思，而是表示赋值，等于用"=="表示。

注意：赋值语句左边的变量在程序的其他地方必须声明。

2. 算术运算符

在 C 语言中，有两个单目和五个双目运算符，分别为 +（正）、-（负）、*（乘法）、/（除法）、%（取模）、+（加法）、-（减法）。

3. 逻辑运算符

逻辑运算符根据表达式的值来返回真值或是假值。其实，在 C 语言中没有所谓的真值和假值，只是将非 0 作为真值，0 作为假值。逻辑运算符有：&&（逻辑与）、||（逻辑或）、!（逻辑非）。

4. 关系运算符

关系运算符是对两个表达式进行比较，返回一个真/假值。关系运算符及其功能见表 2-1。

表 2-1 关系运算符及其功能

符号	功能	符号	功能
>	大于	<=	小于或等于
<	小于	==	等于
>=	大于或等于	!=	不等于

5. 自增自减运算符

自增自减运算符是一类特殊的运算符，其中，自增运算符（++）和自减运算符（--）对变量的操作结果是增加 1 和减少 1。

6. 复合赋值运算符

复合赋值运算符及其功能见表 2-2。

表 2-2 复合赋值运算符及其功能

符号	功能	符号	功能
+=	加法赋值	<<=	左移赋值
−=	减法赋值	>>=	右移赋值
*=	乘法赋值	&=	位逻辑与赋值
/=	除法赋值	|=	位逻辑或赋值
%=	模运算赋值	^=	位逻辑异或赋值

7. 条件运算符

条件运算符（：）是 C 语言中唯一的一个三目运算符。它是对第一个表达式做真/假检测，然后根据结果返回另外两个表达式中的一个，语法格式如下：

<表达式 1>？<表达式 2>：<表达式 3>

8. 逗号运算符

在 C 语言中，多个表达式可以用逗号分开，其中用逗号分开的表达式的值分别结算，但整个表达式的值是最后一个表达式的值。

2.3 常量与变量

2.3.1 常量

在 Arduino 中，常量是预定义的表达式，用于提高程序的易读性，可分为以下几组：

（1）整数常量　整数常量是程序中直接使用的整型数值，例如 123。这些数默认为整型，但可以使用 U 和 L 修饰语改变它。正常情况下，整数常量是十进制整数，但可用专门记号表示其他进制。

（2）浮点常量　与整数常量类似，浮点常量也被用于提高代码的可读性。浮点常量编译时被替换成表达式的值。

n=0.005;　　//0.005 是浮点常量

注意：浮点常量可以采用多种科学标记法来表示。E 和 e 都代表指数，见表 2-3。

表 2-3 浮点常量表示方法

浮点常量	表示为	值
10.0	10	10
2.34E5	$2.34*10^5$	234000
67e-12	$67.0*10^{-12}$	0.000000000067

（3）逻辑级常量　有两个常量用于代表真和假：true 和 false（布尔常量）。

false：被定义为 0（zero）。

true：通常 true 被定义为 1，代表正确，但 true 有比较广的定义。任何非 0 整数都是 true，从布尔常量的意义上讲，-1、2 和 -200 都被定义为 true。

注意：true 和 false 常量是小写格式。

（4）定义引脚级常量　HIGH（高电平）和 LOW（低电平）。

1）HIGH：pinMode() 配置引脚为输入，用 digitalRead() 读引脚时，若引脚上的电压大于 3V，返回 HIGH。

pinMode() 配置引脚为输出，且用 digitalWrite() 设置引脚为 HIGH，该引脚为 5V。在这种状态下，它能提供源电流，可以点亮一个通过串联电阻接地的 LED 灯，如图 2-1 所示。

2）LOW：pinMode() 配置引脚为输入，用 digitalRead() 读引脚时，若引脚上的电压小于 1.5V，返回 LOW。

pinMode() 配置引脚为输出，且用 digitalWrite() 设置为 LOW，该引脚为 0V。在这种状态下，它能提供灌电流，可以点亮一个通过串联电阻连接 5V 的 LED 灯，如图 2-2 所示。

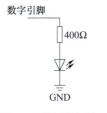

图 2-1　高电平点亮

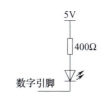

图 2-2　低电平点亮

2.3.2　变量

变量和常量是相对的。常量就是 1、2、3、4.5、10.6 等固定的数字，而变量则跟数学中的 x 是一个概念，它可以是 1，也可以是 2，是由程序定义的。

在数学里，有正数、负数、整数和小数几类。在 C 语言里，除名字和数学里的不一样外，还对数据大小进行了限制。在 Arduino 里，数据范围和其他编程环境还可能不完全一样，因此下面的内容仅仅代表的是 Arduino。

程序中可变的值称为变量，定义方法是：

类型　变量名；

例如，定义一个整型变量 i 的语句是：

int　i；

可以在定义变量的同时为其赋值，也可以在定义之后，再对其赋值，例如：

int　i= 95；

和

```
int i;
i = 95;
```

上述代码等效。

C语言的基本数据类型分为整型、实型和字符型,见表2-4。

表2-4 数据基本类型

类型	符号	关键字	所占位数	数的表示范围
整型	有	(signed) int	1	−32768～32767
		(signed) short	1	−32768～32767
		(signed) long	3	−2147483648～2147483647
	无	unsigned int	1	0～65535
		unsigned shortint	1	0～65535
		unsigned long int	3	0～4294967295
实型	有	float	3	3.4e−38～3.4e38
	有	double	6	1.7e−308～1.7e308
字符型	有	char	8	−128～127
	无	unsigned char	8	0～255

字符型、整型除了可表达的数值大小范围不同之外,都只能表达整数,而unsigned型只能表达正整数,要表达负整数则必须用signed型。如要表达小数的话,则必须用实点型。

这里有一个编程宗旨,就是能用小不用大。就是说定义成1个字节char能解决问题的,就不定义成int,一方面节省RAM空间,可以让其他变量或者中间运算过程使用,另一方面,占空间小,程序运算速度也快一些。

2.4 拓展实训报告

拓展实训名称	示例代码运行及语句分析		
	名称	型号	数量
材料清单			

（续）

拓展实训名称	示例代码运行及语句分析
难点分析	
程序代码	
实训总结	
教师评分	

课后作业

1. 分别写出循环语句、控制语句和开关语句的关键字。
2. 分别说明 "=" "==" 和 "!=" 运算符的区别；"++" 和 "+=" 运算符的区别。
3. 逻辑运算符的作用是什么？常见的逻辑运算符有哪些？
4. 分别指出以下变量定义语句的错误在哪里，并写出正确的语句。
（1）int %i；（2）int m=1.25；（3）float n==9；
5. 在编程中，HIGH、LOW 分别表示什么？

第 3 章

简单灯的控制实验设计

3.1 魔法开关灯

3.1.1 学习目标

1. 熟悉 Mind+ 实时模式基本操作。
2. 学会搭建电路。
3. 使用实时模式编程制作一个人机互动的魔法开关灯。

3.1.2 图形化编程

1. 材料

所需材料见表 3-1。

表 3-1 材料

名称	电子元件	功能描述
面包板		用于接线连接元器件
电阻		220Ω（±5%）
红色 LED		LED 发光模块是入门用户必备的电子元件，编程输出控制亮度取值范围为 0~255。可以用数字端口控制灯的亮灭，也可以用模拟端口控制它的亮度。输入高电平灯亮，低电平则灯灭

2. 知识要点

知识要点见表 3-2。

第 3 章 简单灯的控制实验设计

表 3-2 知识要点

所属模块	指令	功能描述
外观	设置 亮度▼ 特效为 0	设置角色亮度为 0（正常），亮度范围为 -200 ～ 200。除了亮度外还可选择设置超广角镜头、旋转、像素化、马赛克、像素和虚像，数字也可更改
运算符	映射 0 从[0 , 1023] 到[0 , 255]	将某个值从 0 ～ 1023 映射到 0 ～ 255
运算符	( ) = ( )	空白处条件 1 和条件 2 相等
Arduino	设置pwm引脚 3▼ 输出 200	设置 PWM 引脚 3 输出值为 200，引脚和输出值均可更改

3. 硬件连线

从实验盒中取出一个 220Ω 的电阻，将一端接在实验板数字 8 口上，另一端接在面包板上。再从实验盒中取出一只红色 LED。接线图如图 3-1 所示。

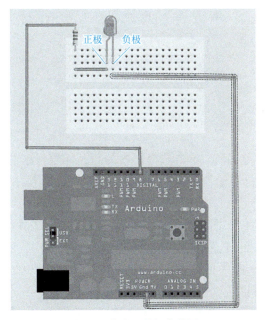

图 3-1　魔法开关灯接线图

4. 程序编写

1）打开 Mind+ 软件，新建一个项目。
2）切换到实时模式。
3）添加 Arduino Uno 的支持。
4）切换到外观列表，增加造型和场景。

① 增加造型。在软件右下角找到 ，角色库的图标和背景库的图标相邻，它们的新建和修改方法也是一样的。将鼠标悬浮在角色库图标 上，显示如图 3-2 所示的 4 个图标，

分别是角色库、画笔、随机和上传背景。角色区其他各部分功能如图 3-3 所示。

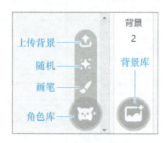

图 3-2　添加角色

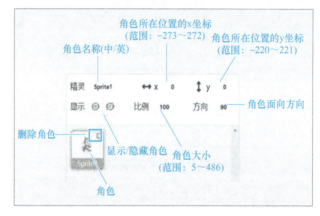

图 3-3　角色区部分功能

a. 角色库。单击"角色库",单击选择喜欢的角色,舞台区的角色就变成所选角色。

b. 画笔。可以通过画笔绘制角色,单击"画笔"图标,指令区和脚本区变成画图区,在画布上就可以自己动手画画。

c. 随机。当单击"随机"图标时,会发现,舞台增加一个角色,角色图片不是由用户选择的,而是角色库中的任意角色。

d. 上传背景。当背景库中的图片无法满足需求时,可以单击"上传背景"图标,从计算机本地文件中选择图片,然后单击"打开"。

对于角色动作设计,需要在造型模式界面(见图 3-4)单击造型进行添加,如图 3-5 所示。

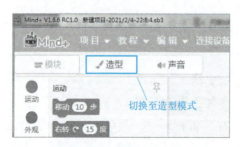

图 3-4　造型模式界面

第 3 章　简单灯的控制实验设计

图 3-5　添加造型

② 增加场景。通过背景库添加场景。背景库图标 位于软件右下角（见图 3-6），将光标悬浮在背景库图标上，显示图 3-7 所示 4 个图标。舞台的背景可以通过这 4 种方法新建或修改，即背景库、画笔、随机和上传背景。每个方法的具体使用参考新建角色的 4 种方法。在此，添加"丛林"和"舞台聚光灯"两个背景。

图 3-6　添加背景

图 3-7　背景库功能

23

5）同理，可以在声音界面添加自己想要的声音效果。

6）添加模块支持。

① 在指令区选择"事件"→"当按下空格键"，拖曳指令至脚本区，修改按键为"上箭头"，如图3-8所示。

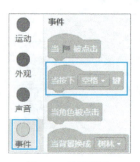

图3-8　按键模块

② 在指令区选择"外观"→"换成男巫–a造型"和"换成丛林背景"，拖曳指令至脚本区拼接，如图3-9所示。

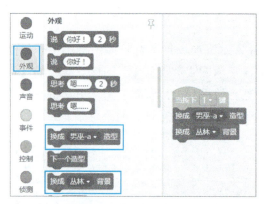

图3-9　造型和背景模块

③ 在指令区选择"外观"→，鼠标拖曳指令至脚本区拼接，修改说话内容为"变！"。

④ 在指令区选择"外观"→"换成男巫–a造型"和"换成丛林背景"，拖曳指令至脚本区拼接，修改造型内容为"男巫–b"，修改背景内容为"舞台聚光灯"，如图3-10所示。

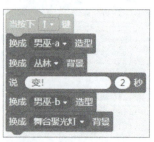

图3-10　修改造型和背景

7）添加硬件控制模块支持。在指令区选择 Arduino → 设置数字引脚 2▼ 输出为 高电平▼，鼠标拖曳指令至脚本区拼接，修改数字引脚为 8，如图 3-11 所示。

图 3-11　修改数字引脚

8）同理完成键盘向下按键的编写，最终程序如图 3-12 所示。

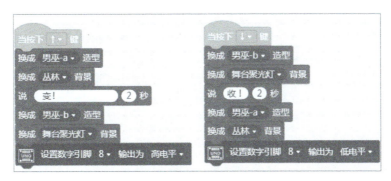

图 3-12　最终程序

5. 实验现象

按下键盘上下键分别验证实验效果。当按下上键时，计算机魔法师变身，同时 LED 灯点亮；当按下下键时，计算机魔法师复原，同时 LED 灯熄灭。

3.2　上传模式开关灯

3.2.1　学习目标

1. 熟悉 Mind+ 上传模式基本操作。
2. 学会搭建电路。
3. 图形化编程制作一个闪烁的 LED 灯。
4. 掌握函数基础知识。
5. 掌握程序结构类函数。
6. 掌握基本函数。

7. 手动编程完成一个闪烁的 LED 灯实验。

3.2.2 图形化编程

1. 材料

所需材料见表 3-3。

表 3-3 材料

名称	电子元件	功能描述
面包板		用于接线连接元器件
电阻		220Ω（±5%）
红色 LED		LED 发光模块是入门用户必备的电子元件，编程输出控制亮度取值范围为 0～255。可以用数字端口控制灯的亮灭，也可以用模拟端口控制它的亮度。输入高电平灯亮，低电平则灯灭

2. 知识要点

知识要点见表 3-4。

表 3-4 知识要点

所属模块	指令	功能
Arduino	Uno 主程序	主程序指令，程序开始执行的地方，指令放在主程序下面才能起作用
控制	循环执行	循环执行指令中的每条语句都逐次进行，直到最后，然后再从循环执行中的第一条语句再次开始，一直循环下去
Arduino	设置数字引脚 13 输出为 高电平	设置对应引脚为高/低电平，相当于将引脚电压设置为相应的值，高电平（HIGH）为 5V（3.3V 控制板上为 3.3V），低电平（LOW）为 0V
控制	等待 1 秒	延时等待（输入 0.5 即延时 0.5s，最小值为 1ms，即 0.001s）

3. 硬件连线

从实验盒中取出一个 220Ω 的电阻，将一端接在实验板数字 8 口上，另一端接在面包板上。再从实验盒中取出一只红色 LED。按照图 3-13 将 LED 连接到数字引脚第 8 引脚，这样就完成了实验的连线部分。

第 3 章 简单灯的控制实验设计

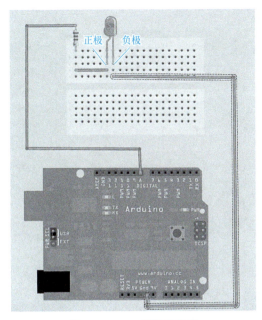

图 3-13 LED 硬件连线图

4. 程序编写

1）打开 Mind+ 软件，新建一个项目，如图 3-14 所示。

图 3-14 新建项目

2）切换到上传模式，如图 3-15 所示。

图 3-15 上传模式

3）添加 Arduino Uno 的支持，如图 3-16 所示。

图 3-16　Arduino Uno 的支持

4）将左侧指令区拖曳到脚本区，输入图 3-17 所示程序。

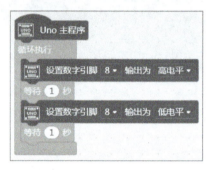

图 3-17　输入程序

5. 下载程序

输入完毕后，单击 ，给 Arduino 下载程序。

运行结果：若以上每一步都已完成，可以看到面包板上的红色 LED 每隔 1s 交替亮灭 1 次。

3.2.3　代码学习

1. 函数基础知识

最初见到函数是在数学当中。$y=f(x)$ 是函数的一般形式，它接受变量 x 的值，经过对应法则 f 的处理，返回结果值 y。Mind+ 程序中的函数，可以类比理解。

在 C/C++ 语言编程中，函数是很常见的。Arduino 提供了许多函数，其功能是控制 Arduino 开发板，进行数值计算等。函数通常为具有一个个功能的小模块，通过这些功能的整合，就组成了整段代码，实现一个完整的功能。这些功能块也能被反复运用，这就体现了函数的优点。在程序运行过程中，有些功能会被重复使用，此时只需程序中调用一下函数名就可以了，无须重复编写。但 setup() 和 loop() 比较特殊，不能反复调用。

2. 程序结构类函数

程序结构类函数有两个，分别是 setup() 和 loop()。

（1）setup() 函数　setup() 函数在程序开始运行时被调用，也称为初始化函数，可用于变量初始化、设置引脚模式和启动库等。

setup() 函数对应 ▨▨▨ 指令，函数格式如下：

void setup () {　　}

函数内部被花括号括起来的部分将会被依次执行，从"{"开始，到"}"结束。两个符号之间的语句都属于这个函数。该括号内的函数通常起着初始化的作用，在 Arduino 通电或者重启后，setup() 函数只运行一次。

（2）loop() 函数　该函数对应 ▨▨▨ 指令，函数格式如下：

void loop() {　　}

执行完 setup() 函数后（初始化和给变量赋初值），运行 loop() 函数，loop() 里的程序始终按顺序循环执行，实现对 Arduino 板的控制。函数里的内容也称为循环体。

注意：setup() 和 loop() 函数是 Arduino 程序的基本组成，即使不需要其中的功能，也必须保留。虽然循环体部分一直运行，但也可以在 loop() 函数中用代码停止程序的运行，例如执行 while（1）语句。需要强调的是：一个 Arduino 程序中只能有一个 setup() 和一个 loop() 函数。Arduino 程序必须包含 setup() 和 loop() 两个函数，否则将不能正常工作。

3. Arduino 基本函数

Arduino 基本函数包括数字 I/O 函数、模拟 I/O 函数、高级 I/O 函数、时间函数、数学函数、字符函数、随机函数、位和字节函数、外部中断函数以及串口通信函数等。

本实验主要介绍数字 I/O 函数和时间函数。

（1）数字 I/O 函数

1）pinMode（pin，mode）。

功能：将指定的引脚配置成输出或输入。

函数格式：pinMode（pin，mode）。

参数：pin（引脚号），要设置模式的引脚；mode（模式），INPUT 或 OUTPUT。

2）digitalWrite（pin，value）。

对应指令：▨▨▨。

功能：将指定的引脚配置成高电平或低电平。

函数格式：digitaiWrite（pin，value）。

参数：pin（引脚号），如 1、5、10、A0、A3；value（值），HIGH 或 LOW。

注意：模拟引脚可以当作数字引脚使用。

3）digitalRead（pin）。

功能：读取指定引脚的值，HIGH 或 LOW。

函数格式：digitalRead（pin）。

参数：pin（引脚号），要读取的引脚号（int）。

返回：HIGH 或 LOW。

注意：如果引脚悬空，digitalRead() 会返回 HIGH 或 LOW（随机变化），模拟输入引脚能当作数字引脚使用。

（2）时间函数

1）delay()。

对应指令：▩，用于延时等待。

功能：延时一段时间（单位为 ms，1s=1000ms）。

函数格式：delay（ms）。

参数说明：ms，延时的毫秒数（unsigned long 型）。

返回值：无。

2）delayMicroseconds()。

功能：延时一段时间（单位为 μs，1ms=1000μs）。可实现最大 16383μs 的精确延时。若延时时间超过几千毫秒，应该选择 delay() 函数。

函数格式：delayMicroseconds（μs）。

参数说明：μs 指延时的微秒数（unsigned int 型）。

用法与 delay() 函数一样。

```
delayMicroseconds（50）;          // 延时 50μs
```

3）micros()。

功能：返回 μs 为单位的程序运行时间，大约 70min 后溢出。

函数格式：time=micros()。

返回值：返回 μs 为单位的程序运行时间（unsigned long 型）。

4）millis()。

功能：返回 ms 为单位的程序运行时间，大约 50 天后溢出。

函数格式：time=millis()。

返回值：返回 ms 为单位的程序运行时间（unsigned long 型）。

4. 程序编写

1）打开 Mind+ 软件，新建一个项目。

2）切换到上传模式。

3）添加 Arduino Uno 的支持。

4）单击右侧手动编辑，输入以下程序。

```
// 主程序开始
void setup () {
}
void loop() {
  digitalWrite（13，HIGH）;
  delay（1000）;
```

```
    digitalWrite（13，LOW）；
    delay（1000）；
}
```

5. 下载程序

输入完毕后，单击 [上传到设备]，给 Arduino 下载程序。完成后上传界面显示上传成功，如图 3-18 所示。

图 3-18　上传成功

运行结果：若以上每一步都已完成，可以看到面包板上的红色 LED 每隔 1s 交替亮灭 1 次。

3.3　LED 七彩跳变灯

RGB LED 是由红（Red）、绿（Green）和蓝（Blue）三色组成的 LED。计算机的显示器也是由一个个小的红、绿、蓝点组成的。通过调整三个 LED 中每个灯的亮度就能产生不同的颜色。本实验就是通过一个 RGB LED 产生不同的炫彩颜色。

3.3.1　学习目标

1. 了解 RGB 三原色。
2. 掌握 RGB LED 工作原理。
3. 熟悉电路搭建。
4. 图形化编程制作一个 LED 七彩跳变灯。
5. 掌握常量定义方法。
6. 掌握代码注释。
7. 手动编程完成 LED 七彩跳变灯实验。

3.3.2　图形化编程

1. 材料

所需材料见表 3-5。

表 3-5 材料

名称	电子元件	功能描述
面包板		用于接线连接元器件
电阻		220Ω
红色 LED		LED 发光模块是入门用户必备的电子元件，编程输出控制亮度取值范围为 0～255。可以用数字端口控制灯的亮灭，也可以用模拟端口控制它的亮度。输入高电平灯亮，低电平则灯灭

2. 知识要点

知识要点见表 3-6。

表 3-6 知识要点

所属模块	指令	功能
Arduino	Uno 主程序	主程序指令，程序开始执行的地方，指令放在主程序下面才能起作用
控制	循环执行	循环执行指令中的每条语句都逐次进行，直到最后，然后再从循环执行中的第一条语句再次开始，一直循环下去
Arduino	设置数字引脚 13 输出为 高电平	设置对应引脚为高 / 低电平，相当于将引脚电压设置为相应的值，高电平（HIGH）为 5V（3.3V 控制板上为 3.3V），低电平（LOW）为 0V
控制	等待 1 秒	延时等待（输入 0.5 即延时 0.5s，最小值为 1ms，即 0.001s）

RGB LED 灯有 4 个引脚，相当于把 3 种颜色的 LED 封装在一个 LED 中，一个引脚是共用的正极（阳）或者共用的阴极（负），也可以当作 3 个灯使用。这里选用的是共阴 RGB LED，其原理如图 3-19 所示，R、G、B 为 3 个 LED 的正极，把它们的负极拉到一个公共引脚上了，它们公共引脚即为负极，所以称之为共阴 RGB LED。

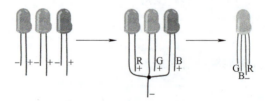

图 3-19 共阴 RGB LED 原理

红色、绿色和蓝色是三原色，Arduino 通过数字 I/O 口控制 3 种颜色亮灭，即使用 digitalWrite（value）语句让 LED 调出不同的颜色。混合颜色获取方法，如图 3-20 所示。

第 3 章　简单灯的控制实验设计

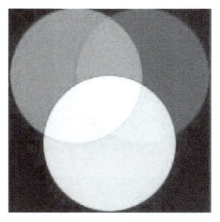

图 3-20　混合 R、G、B 获得不同的颜色

3. 硬件连线

从实验盒中取出一个 RGB LED 模块，将 B 端接在实验板 2 口上，G 端接在实验板 3 口上，R 端接在实验板 4 口上，GND 端接在实验板 GND 口上，如图 3-21 所示，这样就完成了实验的连线部分。

图 3-21　RGB LED 接线图

4. 程序编写

1）打开 Mind+ 软件，新建一个项目。

2）切换到上传模式。

3）添加 Arduino Uno 的支持。

» 基于 Arduino 平台的单片机控制技术

4）将左侧指令区指令拖曳到脚本区，输入图 3-22 所示程序。

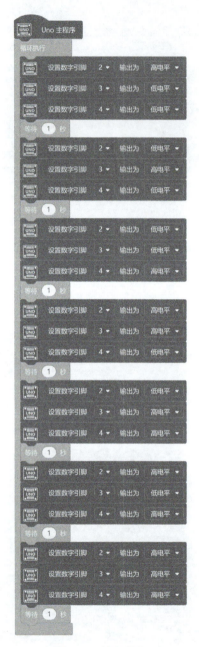

图 3-22　输入程序

5. 下载程序

输入完毕后，单击 ![上传到设备] ，给 Arduino 下载程序。

运行结果：若以上每一步都已完成，可以看到面包板上的 LED 灯每隔 1s 交替 1 次颜色，分别为红色、紫色、蓝色、青色、绿色、黄色、白色。

34

3.3.3 代码学习

1. 常量定义

在程序运行过程中，其值不能改变的量称为常量。常量可以是字符，也可以是数字，通常使用下面的语句定义常量：

#define 常量名 常量值

2. 注释

代码中的说明文字，可以称为注释。这里的注释是以"//"开始，这个符号所在行之后的文字将不被编译器编译。注释在代码中是非常有用的，它可以帮助读者理解代码，如果项目比较复杂，自然而然，代码也会非常长，而此时注释就会发挥很大作用，可以帮读者快速回忆起这段代码的功能。同样，当把代码分享给别人的时候，别人也会很快理解这段代码。

还有另外一种写注释的方式，即"/*…*/"，其作用是可以注释多行，这也是与上一种注释方式的区别之处。在"/*"和"*/"中间的所有内容都将被编译器忽略，不进行编译。Mind+将自动把注释的文字颜色变为灰色。

例如以下文字：

/* 在这两个符号之间的文字，都将被注释掉，编译器自动不进行编译，注释掉的文字将会呈现灰色 */

3. 程序编写

1）打开 Mind+ 软件，新建一个项目。
2）切换到上传模式。
3）添加 Arduino Uno 的支持。
4）单击右侧手动编辑。输入以下程序。

```
#define LED_R 4
#define LED_G 3
#define LED_B 2
#define LED_ON HIGH
#define LED_OFF LOW
void setup()
{
  pinMode（LED_R，OUTPUT）;
  pinMode（LED_G，OUTPUT）;
  pinMode（LED_B，OUTPUT）;
}

void loop()
{
```

```
        digitalWrite (LED_R, LED_ON);
        digitalWrite (LED_G, LED_OFF);
        digitalWrite (LED_B, LED_OFF);
        delay (1000);

        digitalWrite (LED_R, LED_OFF);
        digitalWrite (LED_G, LED_ON);
        digitalWrite (LED_B, LED_OFF);
        delay (1000);

        digitalWrite (LED_R, LED_OFF);
        digitalWrite (LED_G, LED_OFF);
        digitalWrite (LED_B, LED_ON);
        delay (1000);

        digitalWrite (LED_R, LED_ON);
        digitalWrite (LED_G, LED_ON);
        digitalWrite (LED_B, LED_OFF);
        delay (1000);

        digitalWrite (LED_R, LED_OFF);
        digitalWrite (LED_G, LED_ON);
        digitalWrite (LED_B, LED_ON);
        delay (1000);

        digitalWrite (LED_R, LED_ON);
        digitalWrite (LED_G, LED_OFF);
        digitalWrite (LED_B, LED_ON);
        delay (1000);

        digitalWrite (LED_R, LED_ON);
        digitalWrite (LED_G, LED_ON);
        digitalWrite (LED_B, LED_ON);
        delay (1000);
    }
```

4. 下载程序

输入完毕后，单击 [上传到设备]，给 Arduino 下载程序。

运行结果：若以上每一步都已完成，可以看到面包板上的 LED 灯每隔 1s 交替 1 次颜色，分别为红色、紫色、蓝色、青色、绿色、黄色、白色。

3.3.4 程序拓展

在学会单片机控制 LED 的基础上,结合日常生活中见到的 LED,可以实现很多种灯光控制效果,本次拓展实训请做一个走马灯。

3.4 拓展实训报告

拓展实训名称	走马灯实训		
材料清单	名称	型号	数量
难点分析			
程序代码			
实训总结			
教师评分			

课后作业

1. 使用图形化和 C 语言编程分别完成四盏灯流水灯效果。
2. 使用图形化和 C 语言编程分别完成四盏灯轮流闪烁效果。
3. 使用图形化和 C 语言编程分别完成红绿灯效果。具体效果为：红灯亮 10s 后接着闪烁 5s，之后黄灯亮 5s，再后，红灯亮 20s 后接着闪烁 5s。以此作为一个周期进行循环。

第4章

可调灯实验设计

4.1 简易呼吸灯

灯光在微型计算机控制之下完成由暗到亮再由亮到暗的逐渐变化,感觉像是在呼吸,所以称为呼吸灯。呼吸灯应用广泛,比如手机里面有未处理的通知,像未接来电、未查收的短信等,呼吸灯就会由暗到亮变化,像呼吸一样有节奏,起到一个通知提醒的作用。

4.1.1 学习目标

1. 认识呼吸灯。
2. 掌握 PWM 原理。
3. 掌握图形化定义和变量使用方法。
4. 图形化编程完成一个简易呼吸灯。
5. 掌握数字信号与模拟信号。
6. 掌握模拟 I/O 操作函数。
7. 掌握 while 循环语句。
8. 手动编程完成简易呼吸灯实验。

4.1.2 图形化编程

1. 材料

所需材料见表 4-1。

表 4-1 材料

名称	电子元件	功能描述
面包板		用于接线连接元器件

基于 Arduino 平台的单片机控制技术

（续）

名称	电子元件	功能描述
电阻		220Ω
红色 LED		LED 发光模块是入门用户必备的电子元件，编程输出控制亮度取值范围为 0～255。可以用数字端口控制灯的亮灭，也可以用模拟端口控制它的亮度。输入高电平灯亮，低电平则灯灭

2. 知识要点

知识要点见表 4-2。

表 4-2　知识要点

所属模块	指令	功能
变量	变量 value	存放可以变化的值，右击可以切换其他变量
变量	设置 my float variable 的值为 0	可以给变量存入不同的数值，一般将这个过程称为变量赋值。单击指令中的变量名，从弹出的下拉窗口中可以选择不同的变量，重新给变量命名或者删除变量
变量	将 value 增加 1	可以给变量增加固定的数值。单击指令中的变量名，从弹出的下拉窗口中可以选择不同的变量，重新给变量命名或者删除变量
控制	重复执行直到	指定次循环条件的循环指令：将指令中包含的程序自下而上循环执行，直到不满足循环条件，退出
运算符	＋ ＊ － ／	算数运算符：加、减、乘、除。在长圆形框内可以填入圆头或尖头模块，例如变量等，也可直接输入数值
运算符	＜ ＝ ＞ ≤ ≥	关系运算符：小于、小于或等于、等于、大于、大于或等于。在框中放入对应形状的指令或者直接输入数值并判断条件是否成立，若成立反馈值为 1；若不成立反馈值为 0
Arduino	设置 pwm 引脚 3 输出 200	设置 PWM 引脚输出值指令。通过 PWM 信号可以控制亮度（输出值的范围为 0～255）

第 4 章　可调灯实验设计

PWM（脉冲宽度调制）是一项通过数字方法来获得模拟量的技术，其原理如图 4-1 所示。数字控制形成一个方波，方波信号只有开关两种状态（也就是数字引脚的高低电平）。通过控制开与关所持续时间的比值就能模拟出一个在 0～5V 之间变化的电压，如图 4-2 所示。开（即高电平）所占用的时间称为脉冲宽度。PWM 多用于调节 LED 的亮度；或者是电动机的转速，电动机带动的车轮转速也就能很容易控制了。

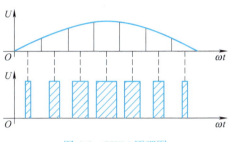

图 4-1　PWM 原理图

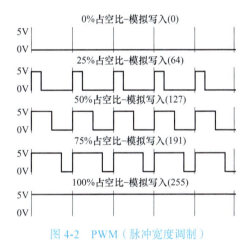

图 4-2　PWM（脉冲宽度调制）

3. 硬件连线

Arduino 主控板只有有限个 GPIO 引脚支持 PWM。观察一下 Arduino 板，查看数字引脚，会发现其中 6 个引脚（3、5、6、9、10、11）旁标有"～"，这些引脚不同于其他引脚，因为它们可以输出 PWM 信号。

从实验盒中取出一个 220Ω 的电阻，将一端接在实验板数字 I/O 口上，另一端接在面包板上。再从实验盒中取出一个发光二极管，按照图 4-3 将发光二极管连接到数字引脚第 10 引脚，这样就完成了实验的连线部分。

4. 程序编写

1）打开 Mind+ 软件，新建一个项目。
2）切换到上传模式。

3）添加 Arduino Uno 的支持。

4）单击 中"新建数字类型变量",如图 4-4 所示。

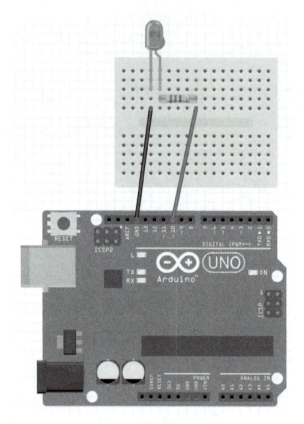

图 4-3 呼吸灯接线图

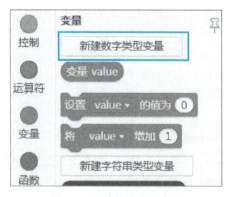

图 4-4 新建数字类型变量

5）输入合适的变量名,如图 4-5 所示。给变量命名时,可以用字母、数字和下划线开头,Mind+ 里面特别开发了中文变量,输入中文时在自动生成的代码中,会自动转换成汉语拼音字母。

第 4 章 可调灯实验设计

图 4-5 输入变量名

6）新变量 已经建立好，以备之后使用，如图 4-6 所示。

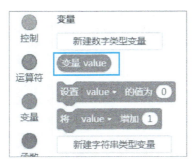

图 4-6 变量建立成功

注意：因为 Mind+ 为变量加了前缀以防冲突，所以在自动生成代码中的变量名和自己起的会不同，加上了 mind_n_ 的前缀。

```
6
7  // 动态变量
8  volatile float mind_n_value;
```

7）将左侧指令拖曳到脚本区，完成 LED 由暗逐渐变亮程序，如图 4-7 所示。

图 4-7 由暗逐渐变亮图形化程序

8）继续将左侧指令拖曳到脚本区，添加 LED 由亮逐渐变暗程序，呼吸灯完整图形化程序如图 4-8 所示。

43

图 4-8　呼吸灯完整图形化程序

5. 下载程序

输入完毕后，单击 ，给 Arduino 下载程序。

运行结果：若以上每一步都已完成，可以看到面包板上的红色 LED 灯由暗到亮、再到暗的逐渐变化，感觉像是在均匀呼吸。

4.1.3　代码学习

1. 数字信号与模拟信号

电子世界有两种"语言"——数字信号与模拟信号。

数字信号（Digital Signal）：只有 2 个值（0V 和 5V）。运用在 Arduino 中，就是高电平（HIGH）和低电平（LOW）。"HIGH"是"1"，对应为 5V；"LOW"是"0"，对应为 0V。

模拟信号（Analog Signal）：在一定范围内，有无限值。在 Arduino 的模拟端口中，已经将 0～5V 之间的值映射为 0～1023 范围内的值。比如，0 对应为 0V、1023 对应为 5V、512 对应为 2.5V。

2. 模拟 I/O 操作函数

模拟 I/O 操作函数有 3 个，分别是 analogReference（type）、analogRead() 和 analogWrite()。

（1）analogReference（type）函数　设定用于模拟输入的基准电压（输入范围的最大值）。type 取值如下：

① DEFAULT：默认值 5V（Arduino 板为 5V）或 3V（Arduino 板为 3.3V）为基准电压。

② INTERNAL：ATmega168 和 ATmega328 以 1.1V 为基准电压，在 ATmega8 以 2.56V 为基准电压（Arduino Mega 无此选项）。

③ INTERNAL1V1：1.1V 为基准电压（此选项仅针对 Arduino Mega）。

④ INTERNAL2V56：2.56V 为基准电压（此选项仅针对 Arduino Mega）。

⑤ EXTERNAL：以 AREF 引脚（0 ～ 5V）的电压作为基准电压。

注意：改变基准电压后，之前从 analogRead() 读取的数据可能不准确。

（2）analogRead() 函数　对应 [读取模拟引脚 A0▼] 指令。

功能：从指定的模拟引脚读取数值。Arduino 板包含一个 6 通道（Mini 和 Nano 有 8 个通道，Mega 有 16 个通道）、10 位模拟 / 数字转换器。这表示它将 0 ～ 5V 的输入电压映射到 0 ～ 1023 的整数值上，即每个读数对应电压值为 5V/1024，每单位 0.0049V（4.9mV）。

输入范围和精度可以通过 analogReference() 改变，其大约需要 100μs（0.0001s）来读取模拟输入，所以最大的阅读速度是每秒 10000 次。

函数格式：analogRead（pin）。

参数说明：pin，模拟输入引脚的编号。

返回值：整数（0 ～ 1023）。

（3）analogWrite() 函数　对应 [设置pwm引脚 10▼ 为0] 指令。

功能：通过 PWM 方式在指定引脚输出模拟量。常用于改变灯的亮度或改变电动机的速度等。

函数格式：analogWrite（pin，value）。

参数说明：pin（指定引脚编号），允许的数据类型为 int；value（占空比），是 0（低）和 255（高）之间的整数。

返回值：无。

调用 analogWrite() 函数之前，不需要调用 pinMode() 设置该引脚为输出。调用 analogWrite() 函数后，直到对相同引脚有新的调用之前，引脚会一直输出一个稳定的指定占空比的波形。PWM 信号的频率约为 490Hz。

注意：如果模拟输入引脚没有连入电路，由 analogRead() 返回的值将根据很多项因素（例如其他模拟输入引脚、手靠近板子等）产生波动。

3. 控制语句

（1）while 循环　while 语句通常在程序中用作条件循环。while 语句循环执行大括号里面的语句直到大括号里面的条件为假（false）。若被测试的条件不变，循环将一直持续下去。

语句格式如下：　　　　　　　　　　　对应指令为：

```
while (循环条件)
{
循环体
}
```

（2）for 循环　while 语句还有个替换语句，即 for 语句。for 语句后面的小括号里包含了循环初始化语句、循环条件和循环调整语句。

语句格式如下：　　　　　　　　　　　对应指令为：

for 循环顺序如下：

第一轮：①→②→③→④

第二轮：②→③→④

…

直到②不成立，for 循环结束。来看下本实验程序中的 for 循环：

```
for（int i=0；i<3；i++）{
...
}
```

第一步：初始化变量 i=0。

第二步：判断 i 是否小于 3。

第三步：判断第二步成立，for 循环中执行 LED 亮与灭。

第四步：i 自加，变为 1。i++ 这句话表示把 i 的值增加 1，等同于写成 i=i+1，也就是把 i 当前的值变为 i+1，再赋给 i。i 由 0 变为 1，第二轮循环则由 1 变 2。

第五步：回到第二步，此时 i=1，判断是否小于 3。

第六步：重复第三步。

…

直到 i 循环到 3 时，判断 i<3 不成立，自动跳出 for 循环，程序继续往下走。这里需要循环 3 次，所以设置为 i<3。从 0 开始计算，0 到 2，循环了 3 次。如果要循环 100 次，则为

```
for（int i=0；i<100；i++）{}
```

4. 程序编写

1）打开 Mind+ 软件，新建一个项目。

2）切换到上传模式。

3）添加 Arduino Uno 的支持。

4）单击右侧手动编辑，输入以下程序：

```
// 动态变量
volatile float mind_n_value;
// 主程序开始
void setup() {
}
void loop() {
    mind_n_value=255;
    while (!(mind_n_value<=0)) {
        analogWrite (10, mind_n_value);
        delay (20);
        mind_n_value-=5;
    }
    mind_n_value=0;
    while (!(mind_n_value>=255)) {
        analogWrite (10, mind_n_value);
        delay (20);
        mind_n_value+=5;
    }
}
```

5. 下载程序

输入完毕后,单击 [上传到设备],给 Arduino 下载程序。

运行结果:若以上每一步都已完成,可以看到面包板上的红色 LED 由暗到亮、再到暗的逐渐变化。

4.2 RGB 炫彩灯

前文已经接触过 RGB LED,可以实现变色,本次实验利用 PWM 来任意变换对应的 R、G、B,组合成随机的各种颜色,制作一个美丽的炫彩灯。

4.2.1 学习目标

1. 认识 RGB 炫彩灯工作原理。
2. 掌握随机数指令模块。
3. 掌握约束值指令模块。
4. 掌握自定义函数模块。
5. 图形化编程完成 RGB 炫彩灯。
6. 掌握函数的定义和调用。
7. 掌握随机函数。
8. 手动编程完成 RGB 炫彩灯实验。

4.2.2 图形化编程

1. 材料

所需材料见表4-3。

表4-3 材料

名称	电子元件	功能描述
面包板		用于接线连接元器件
RGB 三色 LED 模块		RGB 三色 LED 模块可以用 PWM 端口控制灯的色彩和亮度

2. 知识要点

知识要点见表4-4。

表4-4 知识要点

所属模块	指令	功能
运算符	在 1 和 10 之间取随机数	随机数指令：用于获得指定范围内的整数数值
运算符	约束 0 介于(最小值) 0 和(最大值) 100 之间	约束值指令：将值、变量约束到指定范围内
Arduino	设置pwm引脚 3 输出 200	设置 PWM 引脚输出值指令。通过 PWM 信号可以控制亮度（输出值的范围在 0～255）
函数	定义 changelight	函数定义指令：建立新函数，通过单击 自定义模块 ，选择输入的变量类型及个数，并给函数起一个合适的名字。建立后就可在此指令后编写自己所需要的程序
函数	changelight	函数调用指令：定义完新函数后，通过该指令来调用

3. 硬件连线

从实验盒中取出一个 RGB 三色 LED 模块，将 B 端接在实验板 9 号模拟端口上，G 端接在实验板 10 号模拟端口上，R 端接在实验板 11 号模拟端口上，GND 端接在实验板 GND 端口上，如图 4-9 所示，完成了实验的连线部分。

第 4 章 可调灯实验设计

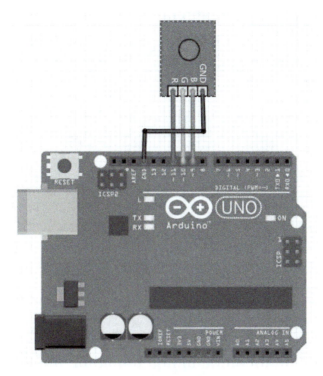

图 4-9 炫彩灯接线图

4. 程序编写

1）打开 Mind+ 软件，新建一个项目。

2）切换到上传模式。

3）添加 Arduino Uno 的支持。

4）定义新函数。

① 单击 ●函数 下"自定义模块"，如图 4-10 所示。

图 4-10 自定义函数模块

② 输入合适的函数名。命名规则同变量，也可输入汉字，Mind+ 会进行转化，如图 4-11 所示。

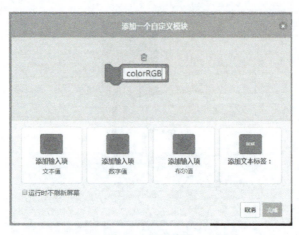

图 4-11 函数命名

③ 本实验中需要声明一个可以输入参数的函数，函数的创建步骤之前已讲解。在新建函数时，单击框中的"添加输入项"即可命名输入参数的名称，如图 4-12 所示。

图 4-12 添加输入项

④ 函数出现在指令区，可以在它的下方进行编程，定义此函数的内容，如图 4-13 所示。

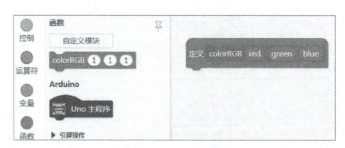

图 4-13 定义函数内容

⑤ 点住并拖曳"red"这一参数，用法同其他变量，并且它是个局部变量，仅可以在这一函数中调用，如图 4-14 所示。

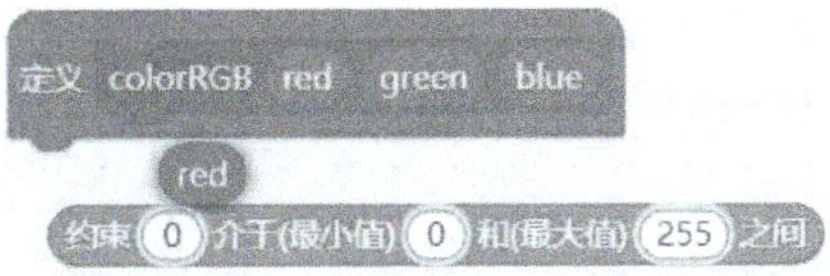

第 4 章　可调灯实验设计

图 4-14　使用参数

⑥ 完成函数定义，如图 4-15 所示。

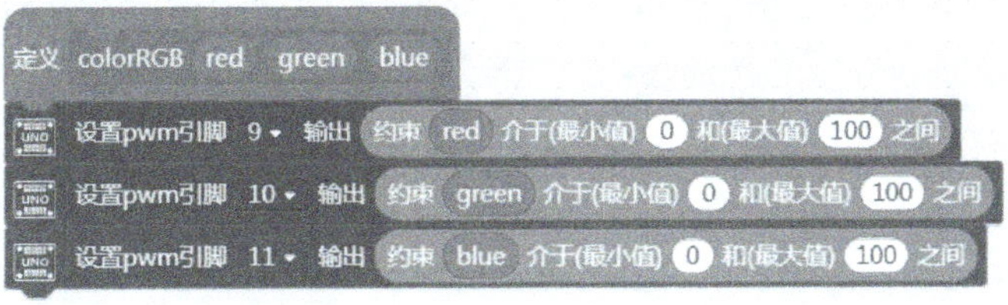

图 4-15　完成函数定义

5）函数调用。

① 在程序中调用函数，将   拖入到程序中，如图 4-16 所示。

图 4-16　函数调用

② 修改参数后，即实现了函数的调用。完成 LED 颜色呈现随机的变化程序，如图 4-17 所示。

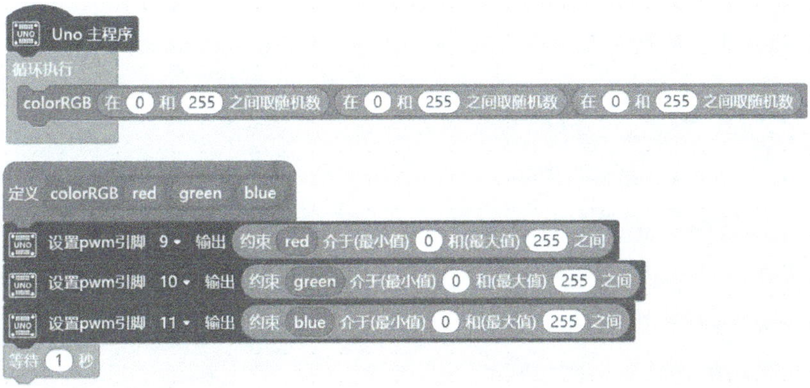

图 4-17　炫彩灯最终图形化程序

51

注意：因为 Mind+ 为函数加了前缀以防冲突，所以在自动生成代码中的函数名和自己起的会不同，加上了 DF_ 的前缀。

```
6  // 函数声明
7  void DF_colorRGB(float mind_n_red, float mind_n_green, float mind_n_blue);
```

5. 下载程序

输入完毕后，单击 [上传到设备]，给 Arduino 下载程序，上传进度 100% 后，编译界面显示"上传成功"，至此完成下载。

运行结果：若以上每一步都已完成，可以看到面包板上的 LED 随机产生不同亮度的七彩色的亮光。

4.2.3 代码学习

1. 自定义函数

程序最主要的部分是主函数。主函数中调用了一个自己创建的函数 colorRGB()，函数有 3 个传递参数，用于写入 Red、Green、Blue 的值，也就是 0 ～ 255 的值。使用函数的好处在于，之后想调到某个颜色的时候，只要再给这三个参数赋值就可以了，而不需要重复写 analogWrite() 函数，避免程序冗长。

本书图形化编程时，在使用函数前，需要新建并命名一个新的函数。在代码编程时需要在定义、调用函数前务必先声明该函数！否则程序中的这个自定义函数将无法执行。本书中使用了有输入、无输出的函数。它的声明格式如下：

> void DF_colorRGB（float mind_n_red, float mind_n_green, float mind_n_blue）;

2. 数字函数 constrain()

功能：将值归一化在某个范围内。

语法格式：constrain（x，a，b）。

参数说明：x，需归一化的数据（写入值）；a，数据下限（最小值）；b，数据上限（最大值）。三者均为任意数据类型。

返回值：若 x 在 a 和 b 之间，返回 x；若 x 小于 a，返回 a；若 x 大于 b，返回 b。

对应指令：[约束 0 介于(最小值) 0 和(最大值) 100 之间]

red、green、blue 值是被约束数，约束范围在 0 ～ 255，也就是 PWM 值的范围。它们的值由 random() 函数随机产生。

3. 随机函数

（1）random()

功能：随机函数，产生伪随机数。

函数格式：random（max）和 random（min，max）。

参数说明：min，随机数的下限值（最小值），可选；max，随机数的上限值（最大值）。

返回值：在 min 和 max-1（long 类型）之间的随机数。

对应指令：在 1 和 10 之间取随机数

random() 函数用于生成一个随机数，min 是随机数的最小值，max 是随机数的最大值，生成 [min，max-1] 范围的随机数。在代码中 max 写为"255+1"是因为 Mind+ 在转化图形指令的时候，为了确保 random() 函数能够取到 255 这个值。

（2）dfrobotRandomSeed()

功能：随机种子初始化伪随机数发生器，使产生的随机序列始于一个随机点。

函数格式：dfrobotRandomSeed()。

4. 程序编写

```
// 函数声明
void DF_colorRGB ( float mind_n_red, float mind_n_green, float mind_n_blue );
// 主程序开始
void setup() {
    dfrobotRandomSeed();
}
void loop() {
    DF_colorRGB ( ( random ( 0, 255+1 )), ( random ( 0, 255+1 )), ( random ( 0, 255+1 )));
    delay ( 1000 );
}
// 自定义函数
void DF_colorRGB ( float mind_n_red, float mind_n_green, float mind_n_blue ) {
    analogWrite ( 9, ( constrain ( mind_n_red, 0, 255 )));
    analogWrite ( 10, ( constrain ( mind_n_green, 0, 255 )));
    analogWrite ( 11, ( constrain ( mind_n_blue, 0, 255 )));
}
```

5. 程序下载

输入完毕后，单击 上传到设备，上传程序至 Arduino，上传进度 100% 后，编译界面显示"上传成功"，至此完成程序下载。

运行结果：若以上每一步都已完成，可以看到面包板上的 LED 随机产生不同亮度的七彩色的亮光。

4.2.4 程序拓展

在学会 PWM 技术的基础上，可以实现灯光亮度控制效果，本次实训就做一个灯泡呼吸亮度变化速度可快可慢的控制效果。

4.3 拓展实训报告

拓展实训名称	快慢呼吸灯制作		
材料清单	名称	型号	数量
难点分析			
程序代码			
实训总结			
教师评分			

课后作业

1. 哪几个引脚可以使用 PWM 功能？
2. 简单描述图形化编程中定义函数的步骤。
3. 简述 constrain()、random() 函数的作用及使用格式。
4. 使用 while 循环编写 C 代码实现 8 个流水灯效果。
5. 使用 for 循环改写呼吸灯 C 代码，使其达到相同效果。
6. 使用函数定义调用方式改写呼吸灯 C 代码，使其达到相同效果。

第 5 章

按键实验设计

5.1 按键控制灯泡

按键是一种常用的控制电气元件,用来接通或断开电路,从而达到控制电动机或者其他设备的运行,如图 5-1 所示。

图 5-1 常见按键

5.1.1 学习目标

1. 掌握按键工作原理。
2. 掌握下拉电阻知识。
3. 掌握条件判断指令模块。
4. 图形化编程完成按键控制灯泡实验。

» 基于 Arduino 平台的单片机控制技术

5. 掌握机械按键抖动原理。
6. 掌握软件消抖方法。
7. 掌握 if 选择语句。
8. 手动编程完成按键控制灯泡实验。

5.1.2 图形化编程

1. 材料

所需材料见表 5-1。

表 5-1 材料

名称	电子元件	功能描述
面包板		用于接线，连接元器件
红色 LED		LED 发光模块是入门用户必备的电子元件，编程输出控制亮度取值范围为 0~255。可以用数字端口控制灯的亮灭，也可以用模拟端口控制灯的亮度。输入高电平灯亮，低电平则灯灭
电阻		220Ω
按键		通断电路

2. 知识要点

知识要点见表 5-2。

表 5-2 知识要点

所属模块	指令	功能
控制	如果 那么执行 否则	条件判断指令，用于判断六边形空框内的条件是否成立。条件成立，则执行指令中包含的程序；条件不成立，则执行"否则"后面的程序
控制	如果 那么执行	条件判断指令，用于判断六边形空框内的条件是否成立。条件成立，则执行指令中包含的程序；条件不成立，则跳过该指令，执行后面的程序
运算符	设置数字引脚 13 ▼ 输出为 高电平 ▼	设置对应引脚为高/低电平，相当于将引脚电压设置为相应的值，HIGH（高电平）为 5V（3.3V 控制板上为 3.3V），LOW（低电平）为 0V

第 5 章 按键实验设计

（续）

所属模块	指令	功能
运算符		关系运算符：小于、小于或等于、等于、大于、大于或等于 在框中放入对应形状的指令或者直接输入数值并判断条件是否成立，若成立反馈值为1，若不成立反馈值为0
Arduino	读取数字引脚 0	读取数字引脚指令，读取指定引脚收到的值。得到的值为 0 或 1，并可以赋值给变量或者作为判断条件

3. 硬件连线

（1）按键　按键一共有 4 个引脚，图 5-2 分别显示了正面与背面。而图 5-3 则说明了按键的工作原理。一旦按下后，左右两侧就被导通，而上下两端始终导通。

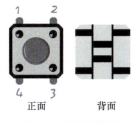

图 5-2　按键引脚图

图 5-3　按键工作原理图

本实验使用按键来控制 LED 的亮或者灭。一般情况是直接把按键串联在 LED 的电路中，这种应用情况比较单一。本实验通过间接的方法来控制，按键接通后判断按键电路中的输出电压，如果电压为 0V，就给 LED 电路输出高电平，反之就输出低电平。

（2）下拉电阻　"下拉"可以理解为把电压往下拉，降低电压。下拉电阻电路如图 5-4 所示，按键作为开关。当输入电路状态为 HIGH 时，电压要尽可能接近 5V。输入电路状态为 LOW 时，电压要尽可能接近 0V。如果不能确保状态接近所需电压，这部分电路就会产生电压浮动。所以，在按键处接一个电阻来确保一定达到 LOW，这个电阻就是下拉电阻。

图 5-4　下拉电阻电路

未接下拉电阻的电路，按键没被按下时，输入引脚就处于一个悬空状态。空气会使该引脚电压产生浮动，不能确保是 0V。然而接了下拉电阻的电路，当没被按下时，输入引脚通过电阻接地，确保为 0V，不会产生电压浮动现象。

（3）硬件接线具体操作　从实验盒中取出一个 220Ω 的电阻，将一端接在实验板数字 8 口上，另一端接在面包板上。再从实验盒中取出一个发光二极管，将一端接到电阻上，另一端接地。按键一端接在数字 2 口上，另一端接 5V 电源，然后接下拉电阻，如图 5-5 所示，这样就完成了实验的连线部分。

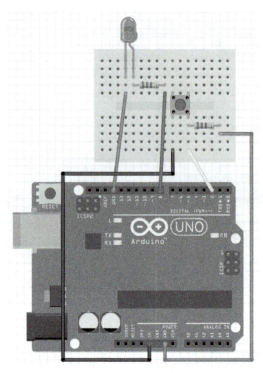

图 5-5　按键控制灯泡接线图

4. 程序编写

1）打开 Mind+ 软件，新建一个项目。

2）切换到上传模式。

3）添加 Arduino Uno 的支持。

4）将左侧指令拖曳到脚本区，完成没有消抖功能的按键控制灯泡程序，如图 5-6 所示。

5. 程序修改

（1）机械抖动　机械按键在按下或释放时，由于机械弹性作用的影响，通常伴随一定时间的触点机械抖动，然后才能稳定下来。触点抖动过程如图 5-7 所示，抖动时间的长短与开关的机械特性有关，一般为 5～10ms。若有抖动，按键按下会被错误地认为是多次操作。

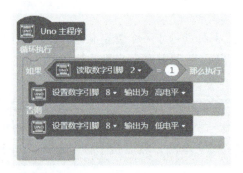

图 5-6　无消抖功能按键控制灯泡图形化程序

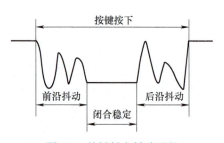

图 5-7　按键触点抖动过程

为了克服按键触点机械抖动所致的检测误判，必须采取去抖动措施，可从硬件、软件两方面予以考虑。

键数较少时，采用硬件去抖；键数较多时，采用软件去抖。

软件去抖的步骤：在检测到有按键按下时，执行一个 10ms 左右（具体时间应视所使用的按键进行调整）的延时程序；再确认该键电平是否仍保持闭合状态电平，若仍保持闭合状态电平，则确认该键处于闭合状态，从而消除抖动的影响。

（2）最终程序　消抖按键控制灯泡图形化程序如图 5-8 所示。

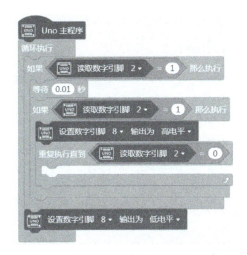

图 5-8　消抖按键控制灯泡图形化程序

6. 下载程序

输入完毕后，单击 [上传到设备] ，给 Arduino 下载程序。

运行结果：若以上每一步都已完成，可以看到面包板上的红色 LED 熄灭，而当按下按键时，灯泡点亮，松开手后灯泡熄灭。

5.1.3　代码学习

1. if 选择语句

（1）单分支 if 语句　单分支 if 语句是一种条件判断的语句，判断是否满足括号内的条件，若满足则执行花括号内的语句，若不满足则跳出 if 语句。单分支 if 语句格式如下：

```
if（表达式）{
    语句；
}
```

表达式是指判断条件，通常为一些关系式或逻辑式，也可为某一数值。若 if 表达式条件为真，则执行 if 中的语句；若表达式条件为假，则跳出 if 语句。

（2）双分支 if 语句　双分支 if 语句是一种条件判断的语句，判断是否满足括号内的条件，若满足则执行第一个花括号内的语句，若不满足则执行 else 后的花括号内语句。

双分支 if 语句格式如下：

```
if（表达式）{
    语句 1；
}
else{
    语句 2；
}
```

2. 程序编写

单击右侧 手动编程 ，输入以下代码：

```
// 主程序开始
void setup() {
    pinMode（8，OUTPUT）;
    pinMode（2，INPUT_PULLUP）;

}
void loop() {
    if ((digitalRead（2）==1)) {
        delay（10）;
        if ((digitalRead（2）==1)) {
            digitalWrite（8，HIGH）;
            while (!(digitalRead（2）==0)) {

            }
        }
    }
    digitalWrite（8，LOW）;
}
```

3. 程序下载

输入完毕后，单击 上传到设备 ，给 Arduino 下载程序，上传进度 100% 后，编译界面显示"上传成功"，至此完成下载。

运行结果：若以上每一步都已完成，可以看到面包板上的红色 LED 熄灭，而当按下按键时，灯泡点亮，松开手后灯泡熄灭。

5.2 继电器实验

本实验使用一个新的元件——继电器，可以把继电器理解为一个"开关"，实际上是用比较小的电流去控制较大电流的"开关"。

第 5 章 按键实验设计

5.2.1 学习目标

1. 掌握继电器工作原理。
2. 掌握继电器引脚。
3. 图形化编程完成继电器控制灯泡实验。
4. 手动编程完成简易呼吸灯实验。

5.2.2 图形化编程

1. 材料

所需材料见表 5-3。

表 5-3 材料

名称	电子元件	功能描述
面包板		用于接线连接元器件
红色 LED		LED 发光模块是入门用户必备的电子元件，编程输出控制亮度取值范围为 0～255。可以用数字端口控制灯的亮灭，也可以用模拟端口控制灯的亮度。输入高电平灯亮，低电平则灯灭
电阻		220Ω
继电器模块		控制电路

2. 知识要点

知识要点见表 5-4。

表 5-4 知识要点

所属模块	指令	功能
Arduino	设置数字引脚 13 输出为 高电平	设置对应引脚为高/低电平，相当于将引脚电压设置为相应的值，HIGH（高电平）为 5V（3.3V 控制板上为 3.3V），LOW（低电平）为 0V
控制	等待 1 秒	延时等待（输入 0.5，即延时 0.5s，最小值为 1ms，即 0.001s）

3. 硬件连线

（1）继电器 继电器（relay）是一种电控制器件，是当输入量（激励量）的变化达

61

到规定要求时，在电气输出电路中使被控量发生预定的阶跃变化的一种电器。它具有控制系统（又称输入回路）和被控制系统（又称输出回路）之间的互动关系。通常应用于自动化的控制电路中，它实际上是用小电流去控制大电流运作的一种"自动开关"，故在电路中起着自动调节、安全保护和转换电路等作用。

继电器种类繁多，包含电磁继电器、固体继电器、温度继电器和时间继电器等。本实验使用的是电磁继电器，如图5-9所示。

（2）电磁继电器的工作原理　电磁继电器一般是由铁心、线圈、衔铁和触点簧片等组成的。只要在线圈两端加上一定的电压，线圈中就会流过一定的电流，从而产生电磁效应，衔铁就会在电磁力吸引的作用下克服返回弹簧的拉力吸向铁心，从而带动衔铁的动触点与静触点吸合。当线圈断电后，电磁的吸力也随之消失，衔铁就会在弹簧的反作用力下返回原来的位置，使动触点与原来的静触点释放。这样吸合、释放，从而达到了在电路中导通、切断的目的。

对于继电器的"常开""常闭"触点，可以这样来区分：继电器线圈未通电时，处于断开状态的静触点称为"常开触点"，处于接通状态的静触点称为"常闭触点"。继电器一般有两股电路，为低压控制电路和高压工作电路。继电器工作原理如图5-10所示。

图5-9　电磁继电器

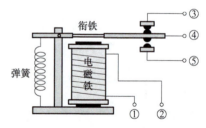

图5-10　继电器工作原理

本实验所用继电器引脚如图5-11所示。

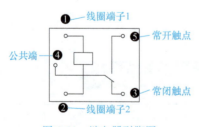

图5-11　继电器引脚图

（3）硬件连线具体操作　从实验盒中取出一个220Ω的电阻，将一端接在实验板5V电源口上，另一端接在面包板上。再从实验盒中取出一个发光二极管，将正极连接到电阻另一端，发光二极管另一端接继电器公共端④，继电器常开触点⑤接地GND。然后将继电器线圈两端①和②分别接到实验板数字口 3 和地线口 GND，如图 5-12 所示，这样就完成了实验的连线部分。

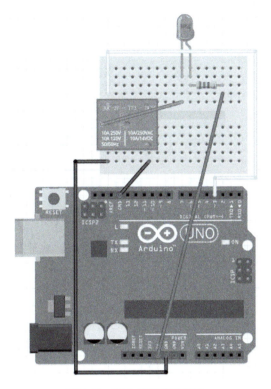

图 5-12　继电器实验接线图

4. 程序编写

1）打开 Mind+ 软件，新建一个项目。
2）切换到上传模式。
3）添加 Arduino Uno 的支持。
4）将左侧指令拖曳到脚本区，完成继电器实验程序，如图 5-13 所示。

5. 下载程序

图 5-13　继电器实验图形化编程图

输入完毕后，单击 [上传到设备]，给 Arduino 下载程序。

运行结果：若以上每一步都已完成，可以看到面包板上的红色 LED 上电后开始闪烁，并且每次亮灭时继电器都会发出滴答声。

5.2.3　代码学习

1. 程序编写

单击右侧 [手动输入]，输入以下代码：

```
// 主程序开始
void setup() {

}
void loop() {
    digitalWrite（3，LOW）;
    delay（1000）;
    digitalWrite（3，HIGH）;
    delay（1000）;
}
```

2. 程序下载

输入完毕后，单击 [上传到设备]，给 Arduino 下载程序，上传进度 100% 后，编译界面显示"上传成功"，至此完成下载。

运行结果：若以上每一步都已完成，可以看到面包板上的红色 LED 上电后开始闪烁，并且每次亮灭时继电器都会发出滴答声。

5.2.4 程序拓展

结合 PWM 技术和按键知识，本扩展实训就做亮度可按键控制的小台灯。

5.3 拓展实训报告

拓展实训名称	亮度可调小台灯制作		
	名称	型号	数量
材料清单			
难点分析			

（续）

拓展实训名称	亮度可调小台灯制作
程序代码	
实训总结	
教师评分	

课后作业

1. 简单描述 if 语句格式和使用方法。

2. 使用 3 个按键及 4 个 LED，实现不同按键控制灯泡分别完成：流水灯效果、呼吸灯效果和跑马灯效果。

第 6 章

蜂鸣器实验设计

6.1 按键控制蜂鸣器

蜂鸣器其实就是一种会发声的电子元件。小型蜂鸣器因其体积小（直径只有 6mm）、重量轻、价格低和结构牢靠而广泛地应用在各种需要发声的电路中。本实验使用的就是小型蜂鸣器。

6.1.1 学习目标

1. 了解蜂鸣器工作原理。
2. 掌握蜂鸣器分类。
3. 图形化编程完成按键控制蜂鸣器。
4. 手动编程完成按键控制蜂鸣器实验。

6.1.2 图形化编程

1. 材料

所需材料见表 6-1。

表 6-1 材料

名称	电子元件	功能描述
面包板		用于接线连接元器件
有源蜂鸣器		发出蜂鸣声
电阻		220Ω
按键		通断电路

2. 知识要点

知识要点见表 6-2。

表 6-2 知识要点

所属模块	指令	功能
控制	如果 那么执行	条件判断指令，用于判断六边形空框内的条件是否成立。条件成立，则执行指令中包含的程序；条件不成立，则跳过该指令，执行后面的程序
Arduino	设置数字引脚 13 输出为 高电平	设置对应引脚为高/低电平，相当于将引脚电压设置为相应的值，HIGH（高电平）为 5V（3.3V 控制板上为 3.3V），LOW（低电平）为 0V
运算符	=、<、>、≤、≥	关系运算符：小于、小于或等于、等于、大于、大于或等于 在框中放入对应形状的指令或者直接输入数值并判断条件是否成立，若成立反馈值为 1，若不成立反馈值为 0
Arduino	读取数字引脚 0	读取数字引脚指令，读取指定引脚收到的值。得到的值为 0 或 1，并可以赋值给变量或者作为判断条件

3. 硬件连线

（1）蜂鸣器的分类　蜂鸣器其实就是一种一体化结构的电子讯响器。

1）按构造方式的不同，蜂鸣器主要分为压电式蜂鸣器和电磁式蜂鸣器两种类型。

压电式蜂鸣器是以压电陶瓷的压电效应，来带动金属片的振动而发声的。当受到外力导致压电材料发生形变时压电材料会产生电荷。压电式蜂鸣器需要比较高的电压才能有足够的音压，一般建议为 9V 以上。

电磁式蜂鸣器则是利用通电导体会产生磁场的特性，通电时将金属振动膜吸下，不通电时依靠振动膜的弹力弹回。电磁式蜂鸣器用 1.5V 就可以发出 85dB 以上的音压了，而消耗电流会大大高于压电式蜂鸣器，所以初学者建议使用电磁式蜂鸣器。

2）按驱动方式的不同，蜂鸣器主要分为有源蜂鸣器和无源蜂鸣器两种类型。

从外观上看，两种蜂鸣器好像一样，如果将蜂鸣器引脚朝上，可以看到有绿色电路板的是一种无源蜂鸣器，如图 6-1 所示；没有电路板而使用黑胶密封的是一种有源蜂鸣器，如图 6-2 所示。从外观上并不能绝对地区分出有源与无源，最可靠的做法除了查看产品的参数手册以外，还有就是使用万用表测试蜂鸣器电阻，只有 8Ω 或者 16Ω 的是无源蜂鸣器，电阻在几百欧以上的是有源蜂鸣器。

图6-1 无源蜂鸣器

图6-2 有源蜂鸣器

有源蜂鸣器和无源蜂鸣器的根本区别是输入信号的要求不一样。这里的"源"不是指电源，而是指振荡源。有源蜂鸣器内部带振荡源，说白了就是只要一通电就会响，适合做单一的提示音。而无源蜂鸣器内部不带振荡源，所以如果仅用直流信号无法使其响，必须用2～5kHz的方波去驱动它，但是无源蜂鸣器比有源蜂鸣器音效更好，适合需要多种音调的应用。

（2）硬件接线具体操作 从实验盒中取出一个有源蜂鸣器，将一端接在实验板数字8口上，另一端接地。按键一端接在数字2口上，另一端接5V电源，然后接220Ω下拉电阻。如图6-3所示，这样就完成了实验的连线部分。

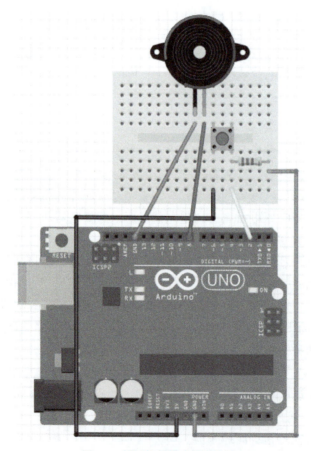
图6-3 按键控制蜂鸣器连接图

第6章 蜂鸣器实验设计

4. 程序编写

1）打开 Mind+ 软件，新建一个项目。
2）切换到上传模式。
3）添加 Arduino Uno 的支持
4）将左侧指令拖曳到脚本区，完成按键控制有源蜂鸣器程序，如图 6-4 所示。

图 6-4　按键控制有源蜂鸣器图形化编程

5. 下载程序

输入完毕后，单击 [上传到设备]，给 Arduino 下载程序。

运行结果：若以上每一步都已完成，面包板上的有源蜂鸣器不会响，而当按下按键时，蜂鸣器会响 0.1s。

6.1.3　代码学习

1. 程序编写

```
#define KEY 2
#define BUZZER 8
void setup() {
  pinMode（KEY，INPUT_PULLUP）;
  pinMode（BUZZER，OUTPUT）;
  digitalWrite（BUZZER，LOW）;
}
void loop() {
  if（（digitalRead（KEY）==1））{
        delay（10）;
        if（（digitalRead（KEY）==1））{
```

```
            digitalWrite（BUZZER, HIGH）;
            delay（100）;
            digitalWrite（BUZZER, LOW）;
            while（!（digitalRead（KEY）==0）) {

            }
         }
      }
   }
```

2. 程序下载

输入完毕后，单击 [上传到设备]，给 Arduino 下载程序，上传进度 100% 后，编译界面显示"上传成功"，至此完成下载。

运行结果：若以上每一步都已完成，面包板上的有源蜂鸣器不会响，而当按下按键时，蜂鸣器会响 0.1s。

6.2 报警器

本实验使用的是小型无源蜂鸣器。无源蜂鸣器和电磁扬声器一样，需要接入音频输出电路中才能发声。

6.2.1 学习目标

1. 掌握 PWM 原理。
2. 掌握图形化蜂鸣器输出指令模块。
3. 图形化编程完成一个报警器。
4. 掌握音调函数 DFTone.play()。
5. 手动编程完成报警器实验。

6.2.2 图形化编程

1. 材料

所需材料见表 6-3。

2. 知识要点

知识要点见表 6-4。

3. 硬件连线

从实验盒中取出一个无源蜂鸣器，将一端接在实验板数字 8 口上，另一端接地。按键一端接在数字 2 口上，另一端接 5V 电源，然后接 220Ω 下拉电阻，如图 6-5 所示，这样就完成了实验的连线部分。

第 6 章　蜂鸣器实验设计

表 6-3　材料

名称	电子元件	功能描述
面包板	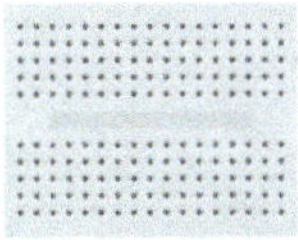	用于接线连接元器件
无源蜂鸣器		发出蜂鸣声
电阻		220Ω
按键	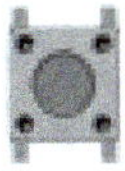	通断电路

表 6-4　知识要点

所属模块	指令	功能
控制	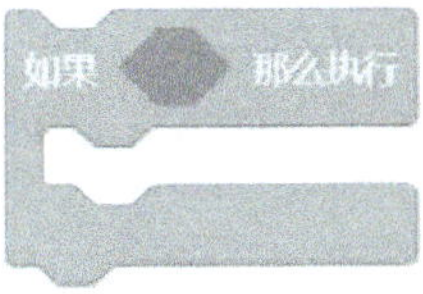	条件判断指令，用于判断六边形空框内的条件是否成立。条件成立，则执行指令中包含的程序；条件不成立，则跳过该指令，执行后面的程序
Arduino		控制蜂鸣器输出的音调高低和时间长短
运算符	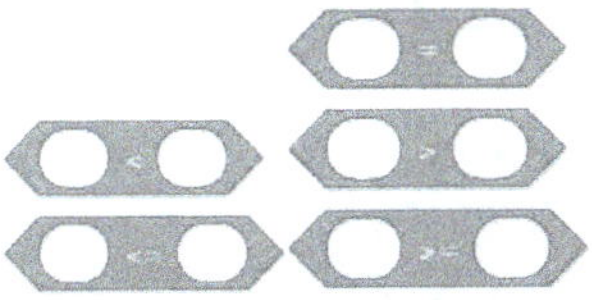	关系运算符：小于、小于或等于、等于、大于、大于或等于 在框中放入对应形状的指令或者直接输入数值并判断条件是否成立，若成立反馈值为1，若不成立反馈值为0
Arduino		读取数字引脚指令，读取指定引脚收到的值，得到的值为0或1，并可以赋值给变量或者作为判断条件

71

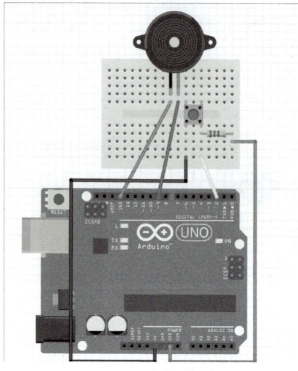

图 6-5　报警器连线图

4. 程序编写

1）打开 Mind+ 软件，新建一个项目。

2）切换到上传模式。

3）添加 Arduino Uno 的支持。

4）将左侧指令拖曳到脚本区，完成报警器程序，如图 6-6 所示。

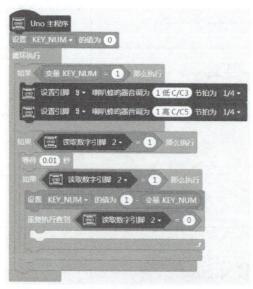

图 6-6　报警器图形化编程

5. 下载程序

输入完毕后，单击 [上传到设备]，给 Arduino 下载程序。

运行结果：若以上每一步都已完成，面包板上的无源蜂鸣器不会亮，而当按下按键时，蜂鸣器会发出汽车报警声。

6.2.3　代码学习

1. 音调函数 DFTone.play()

函数格式：DFTone.play（pin，frequence，time）。

参数说明：X，引脚号；frequence，频率（音调）；time，时间。

对应指令：[设置引脚 9，蜂鸣器音源设为 1 低C/C 节拍为 1/2]。

2. 程序编写

```
#include <DFRobot_Libraries.h>
// 动态变量
volatile float mind_n_KEY_NUM;
// 创建对象
DFRobot_Tone DFTone;
#define KEY 2
#define BUZZER 9
void setup() {
  pinMode（KEY，INPUT_PULLUP）;
  pinMode（BUZZER，OUTPUT）;
  digitalWrite（BUZZER，LOW）;
  mind_n_KEY_NUM=0;
}
void loop() {
  if（（mind_n_KEY_NUM==1））{
          DFTone.play（BUZZER，131，250）;
          DFTone.play（BUZZER，523，250）;
      }
    if（（digitalRead（KEY）==1））{
          delay（10）;
          if（（digitalRead（KEY）==1））{
              mind_n_KEY_NUM=（1-mind_n_KEY_NUM）;
              while（!（digitalRead（KEY）==0））{

              }
          }
      }
}
```

3. 程序下载

输入完毕后，单击 [上传到设备]，给 Arduino 下载程序，上传进度 100% 后，编译界面显示"上传成功"，至此完成下载。

运行结果：若以上每一步都已完成，面包板上的无源蜂鸣器不会亮，而当按下按键时，蜂鸣器会响 0.1s。

6.2.4 程序拓展

在学会蜂鸣器知识的基础上，结合之前所学知识，可以做一个不同效果的声光报警器，实现通过按键切换不同音调和灯光效果的报警方式，本拓展实训就做这样一个声光报警器。

6.3 拓展实训报告

拓展实训名称	声光报警器制作		
材料清单	名称	型号	数量
难点分析			
程序代码			
实训总结			
教师评分			

课后作业

编写 C 语言程序，实现能使用多个按键（建议 7 个），分别控制不同音调，然后自己演奏歌曲。

第 7 章

传感器实验设计

7.1 感光灯

感光灯能随着光线明暗而选择是否亮灯。感光灯非常适合用作夜晚使用的小夜灯。晚上感光灯感觉到周围环境变暗,就会自动亮起;到了白天,天亮后,感光灯又恢复到关闭的状态。

7.1.1 学习目标

1. 掌握光敏电阻。
2. 掌握光照强度模块。
3. 图形化编程完成一个感光灯。
4. 手动编程完成感光灯实验。

7.1.2 图形化编程

1. 材料

所需材料见表 7-1。

表 7-1 材料

名称	电子元件	功能描述
面包板		用于接线连接元器件
红色 LED		LED 发光模块是入门用户必备的电子元件,编程输出控制亮度取值范围为 0~255。可以用数字端口控制灯的亮灭,也可以用模拟端口控制灯的亮度。输入高电平灯亮,低电平则灯灭
电阻		220Ω

第 7 章 传感器实验设计

（续）

名称	电子元件	功能描述
光照强度模块	光照强度模块 VCC GND DO AO	光照强度模块对环境光线最敏感，一般用来检测周围环境光线的亮度，触发 Arduino 或继电器模块等

2. 知识要点

知识要点见表 7-2。

表 7-2　知识要点

所属模块	指令	功能
控制	如果 那么执行	条件判断指令，用于判断六边形空框内的条件是否成立。条件成立，则执行指令中包含的程序；条件不成立，则跳过该指令，执行后面的程序
Arduino	设置数字引脚 13 输出为 高电平	设置对应引脚为高 / 低电平，相当于将引脚电压设置为相应的值，HIGH（高电平）为 5V（3.3V 控制板上为 3.3V），LOW（低电平）为 0V
运算符	= < > ≤ ≥	关系运算符：小于、小于或等于、等于、大于、大于或等于 在框中放入对应形状的指令或者直接输入数值并判断条件是否成立，若成立反馈值为 1，若不成立反馈值为 0
Arduino	读取数字引脚 0	读取数字引脚指令，读取指定引脚收到的值。得到的值为 0 或 1，并可以赋值给变量或者作为判断条件

3. 硬件连线

（1）光敏电阻　光敏电阻是用硫化镉或硒化镉等半导体材料制成的特殊电阻，如图 7-1 所示，其工作原理是基于内光电效应。光照越强，阻值就越低，随着光照强度的升高，电阻值迅速降低，亮电阻值可小至 1kΩ 以下。光敏电阻对光线十分敏感，在无光照时，呈高阻状态，暗电阻值一般可达 1.5MΩ。

（2）光照强度模块　本实验使用的光照强度模块如图 7-2 所示。具体参数如下。

工作电压：DC 3.3 ～ 5V。

光敏电阻型号：5516。

模块引脚：3 针或 4 针（4 针的多出一个模拟输出端 AO）。电源端 VCC，接地端 GND，数字输出端 DO，模拟输出端 AO。

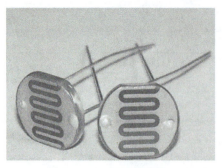

图 7-1　光敏电阻实物图

图 7-2　光照强度模块实物图

光照强度模块在外界环境光线亮度达不到设定阈值时，DO 端输出高电平，当外界环境光线亮度超过设定阈值时，DO 端输出低电平；输出端 DO 可以与 Arduino 直接相连，通过 Arduino 来检测高、低电平，由此来检测环境光线亮度的改变；输出端 DO 也能直接驱动继电器模块，由此可以组成一个光控开关；光照强度模块模拟量输出端 AO 可以和 A/D（模/数）模块相连，通过 A/D 转换，获得环境光强更精准的数值。模块上的蓝色电位器旋钮最好不要顺时针或逆时针旋到底，保持在中间位置即可，通过微调进行灵敏度调节。

（3）硬件连线　从实验盒中取出一个光照强度模块，将 DO 端接在实验板数字 8 口上，VCC 端接实验板 5V 电源，GND 端接实验板地线。从实验盒中取出一个 220Ω 的电阻，将它的一端接在实验板数字 2 口上，另一端接在面包板上。再从实验盒中取出一个发光二极管，将它连接到数字引脚第 2 引脚，如图 7-3 所示，这样就完成了实验的连线部分。

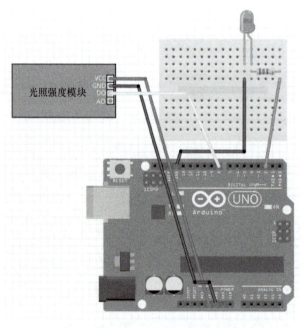

图 7-3　感光灯接线图

4. 程序编写

1）打开 Mind+ 软件,新建一个项目。
2）切换到上传模式。
3）添加 Arduino Uno 的支持。
4）将左侧指令拖曳到脚本区,完成感光灯程序,如图 7-4 所示。

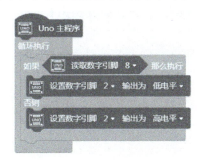

图 7-4　感光灯图形化编程图

5. 下载程序

输入完毕后,单击 [上传到设备] ,给 Arduino 下载程序。

运行结果:若以上每一步都已完成,面包板上的 LED 在光线变暗时会被点亮,而光线变强时会熄灭。

7.1.3　代码学习

1. 程序编写

```
// 主程序开始
void setup() {
    pinMode (2, OUTPUT);
    pinMode (8, INPUT);

}
void loop() {
    if ( digitalRead (8)) {
        digitalWrite (2, LOW);
    }
    else {
        digitalWrite (2, HIGH);
    }
}
```

2. 程序下载

输入完毕后,单击 [上传到设备] ,给 Arduino 下载程序,上传进度 100% 后,编译界面显示"上传成功",至此完成下载。

运行结果：若以上每一步都已完成，面包板上的 LED 在光线变暗时会被点亮，而光线变强时会熄灭。

7.2 声控灯

楼梯间和走廊的灯经常会用到声控灯，当发出声音时声控灯就会被点亮。本节就做这样的声控灯。只要轻轻拍下手，灯就自动亮起来了，没了声音后，灯就又自动关了。这里用到的是声音传感器，可以利用声音传感器做出更多互动作品，通过声音触发来控制更多好玩儿的事物，比如做个发光鼓等。

7.2.1 学习目标

1. 了解驻极体传声器。
2. 掌握声音传感器模块引脚知识。
3. 图形化编程完成一个声控灯。
4. 掌握模拟信号输入函数。
5. 手动编程完成声控灯实验。

7.2.2 图形化编程

1. 材料

所需材料见表 7-3。

表 7-3 材料

名称	电子元件	功能描述
面包板		用于接线连接元器件
红色 LED		LED 发光模块是入门用户必备的电子元件，编程输出控制亮度取值范围为 0～255。可以用数字端口控制灯的亮灭，也可以用模拟端口控制灯的亮度。输入高电平灯亮，低电平则灯灭
电阻		220Ω
声音传感器模块	声音传感器模块	采集声音信号

2. 知识要点

知识要点见表 7-4。

表 7-4 知识要点

所属模块	指令	功能
控制	如果 那么执行 否则	条件判断指令，用于判断六边形空框内的条件是否成立。条件成立，则执行指令中包含的程序；条件不成立，则执行"否则"后面的程序
Arduino	设置数字引脚 13 输出为 高电平	设置对应引脚为高/低电平，相当于将引脚电压设置为相应的值，HIGH（高电平）为 5V（3.3V 控制板上为 3.3V），LOW（低电平）为 0V
运算符	= > < ≤ ≥	关系运算符：小于、小于或等于、等于、大于、大于或等于。在框中放入对应形状的指令或者直接输入数值并判断条件是否成立，若成立反馈值为 1，若不成立反馈值为 0
Arduino	读取模拟引脚 A0	读取模拟引脚指令，读取指定引脚收到的值。得到的值为 0～1023。可以赋值给变量或者作为判断条件

3. 硬件连线

（1）驻极体传声器　如图 7-5 所示，它是利用驻极体材料制成的一种特殊电容式"声—电"转换器件。其主要特点是体积小、结构简单、频响宽、灵敏度高、耐振动和价格便宜。驻极体传声器是目前常用的传感器之一，在各种传声、声控和通信设备（如无线传声器、声控电灯开关、电话、手机和多媒体计算机等）中应用非常普遍。电子爱好者在制作或维修各种具有"声—电"转换功能的电路时，不可避免地要跟驻极体传声器打交道，掌握驻极体传声器的识别与正确使用方法是很有必要的。

图 7-5　驻极体传声器实物图

驻极体传声器的引脚识别方法很简单，无论是直插式、引线式或焊脚式，其底面一般均是印制电路板，如图 7-5 所示。对于印制电路板上面有两部分敷铜的驻极体传声器，与金属外壳相通的敷铜应为"接地端"，另一敷铜则为"电源/信号输出端"（有"漏极 D 输出"和"源极 S 输出"之分）。对于印制电路板上面有 3 部分敷铜的驻极体传声器，除了与金属外壳相通的敷铜仍然为"接地端"外，其余两部分敷铜分别为"S端"和"D端"。有时引线式传声器的印制电路板被封装在外壳内部，无法看到（如国产CRZ2-9B型），这时可通过引线来识别：屏蔽线为"接地端"，另外2根芯线分别为"D端"（红色线）和"S端"（蓝色线）。如果只有1根芯线（如国产CRZ2-9型），则该引线肯定为"电源/信号输出端"，其结构如图7-6所示。

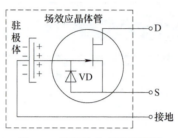

图7-6　驻极体传声器结构图

（2）模拟量声音传感器模块　本实验使用到模拟量声音传感器模块，如图7-7所示。具体参数如下。

图7-7　模拟量声音传感器模块实物图

工作电压：DC 4～6V。

主要芯片：LM393、驻极体传声器。

模块引脚：4针，包括电源端+、接地端G、数字输出端DO（当声音强度到达某个阈值时，输出高、低电平信号，灵敏度的阈值可以通过电位器调节）、模拟输出端AO。

（3）实物连线　从实验盒中取出一个模拟量声音传感器模块，将模拟输出端AO接在实验板模拟输入口A0上，+端接实验板5V电源，G端接实验板地线。从实验盒中取出一个220Ω的电阻，将一端接在实验板数字2口上，另一端接在面包板上。再从实验盒中取出一个发光二极管，将它连接到数字引脚第2引脚，如图7-8所示，这样就完成了实验的连线部分。

第 7 章 传感器实验设计

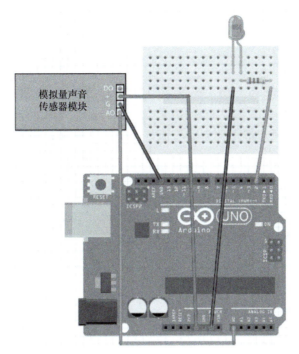

图 7-8　声控灯接线图

4. 程序编写

1）打开 Mind+ 软件，新建一个项目。
2）切换到上传模式。
3）添加 Arduino Uno 的支持。
4）将左侧指令拖曳到脚本区，完成声控灯程序，如图 7-9 所示。

图 7-9　声控灯图形化编程图

5. 下载程序

输入完毕后，单击 [上传到设备]，给 Arduino 下载程序。

运行结果：若以上每一步都已完成，当周围声音变大时面包板上的 LED 会被点亮，而周围没有声音或者声音很小时会熄灭。

7.2.3 代码学习

1. analogRead（pin）

此函数 4.1.3 节已经讲过，用于从模拟引脚读值，pin 是指连接的模拟引脚。Arduino 的模拟引脚连接到一个 10 位 A/D 转换功能，输入 0 ~ 5V 的电压对应读到 0 ~ 1023 的数值，每个读到的数值对应的都是一个电压值，比如 512 对应 2.5V。

2. 程序编写

```
int val=0;                          // 设置模拟引脚 A0 读取模块的电压值
#define LEDPIN   2                  // 设置 LED 为数字引脚 2
#define MIC_MAX 100                 // 声音阈值
void setup()
{
  pinMode（LEDPIN，OUTPUT）;        //LED 对应引脚为输出模式
}
void loop()
{
  val=analogRead（0）;               // 读取模拟信号
  if（val>MIC_MAX）                  // 一旦大于设定的值，LED 打开
  {
    digitalWrite（LEDPIN，HIGH）;
    delay（5000）;
  }
  else
  {
    digitalWrite（LEDPIN，LOW）;
  }
  delay（100）;
}
```

3. 程序下载

输入完毕后，单击 [上传到设备]，给 Arduino 下载程序，上传进度 100% 后，编译界面显示"上传成功"，至此完成下载。

运行结果：若以上每一步都已完成，当周围声音变大时面包板上的 LED 会被点亮，而周围没有声音或者声音很小时会熄灭。

7.2.4 程序拓展

在学会传感器知识的基础上，结合之前所学知识，本拓展实训可以做一个随光线强弱改变自身亮度的小台灯。

7.3 拓展实训报告

拓展实训名称	光控亮度调节小台灯制作		
材料清单	名称	型号	数量
难点分析			
程序代码			
实训总结			
教师评分			

课后作业

1. 简述 digitalRead() 和 analogRead() 函数的区别。
2. 分别编写图形化程序和 C 语言程序,实现声光双控灯效果。
3. 查询资料,学习至少 3 种其他传感器,并将响应传感器代码进行分析介绍。

第 8 章

电动机实验设计

8.1 舵机转动

舵机是一种位置（角度）伺服的驱动器，适用于那些需要角度不断变化并可以保持的控制系统。在高档遥控玩具，如飞机、潜艇模型，遥控机器人中已经得到了普遍应用。Arduino 也提供了 <Servo.h> 库，让使用舵机变得更方便。

8.1.1 学习目标

1. 掌握舵机的工作方式。
2. 图形化编程完成一个舵机转动实验。
3. 手动编程完成舵机转动实验。

8.1.2 图形化编程

1. 材料

所需材料见表 8-1。

表 8-1 材料

名称	电子元件	功能描述
面包板		用于接线连接元器件
舵机模块		9g 小舵机，在 0～180° 之间来回转动

2. 知识要点

知识要点见表 8-2。

表 8-2　知识要点

所属模块	指令	功能
执行器	设置 11▼ 引脚伺服舵机为 90 度	设置舵机角度指令
运算符	=、<、>、≤、≥	关系运算符：小于、小于或等于、等于、大于、大于或等于。在框中放入对应形状的指令或者直接输入数值并判断条件是否成立，若成立反馈值为 1，若不成立反馈值为 0

3. 硬件连线

（1）舵机　舵机是一种电动机，它使用一个反馈系统来控制电动机的位置，可以很好地掌握电动机角度。舵机主要由外壳、电路板、驱动电动机、减速器与位置检测元件构成，实物如图 8-1 所示。其工作原理是由接收机发出信号给舵机，经由电路板上的 IC（集成电路）驱动电动机开始转动，透过减速齿轮将动力传至摆臂，同时由位置检测器送回信号，判断是否已经到达定位。位置检测器其实就是可变电阻，当舵机转动时电阻值也会随之改变，借由检测电阻值便可知转动的角度。一般的伺服电动机是将细铜线缠绕在三极转子上，当电流流经线圈时便会产生磁场，与转子外围的磁铁产生排斥作用，进而产生转动的作用力。依据物理学原理，物体的转动惯量与质量成正比，因此要转动质量越大的物体，所需的作用力也越大。舵机为求转速快、耗电小，于是将细铜线缠绕成极薄的中空圆柱体，形成一个重量极轻的无极中空转子，并将磁铁置于圆柱体内，这就是空心杯电动机。

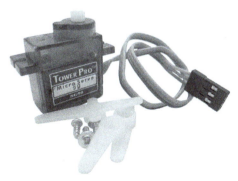

图 8-1　舵机实物图

（2）硬件连线具体操作　从实验盒中取出一个舵机模块，将它的信号 pulse 端接在实验板数字 9 口上，VCC（＋）端接实验板 5V 电源，GND（－）端接实验板地线，如图 8-2 所示，这样就完成了实验的连线部分。

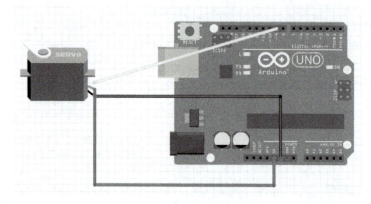

图 8-2　舵机接线图

4. 程序编写

1）打开 Mind+ 软件，新建一个项目。

2）切换到上传模式。

3）添加 Arduino Uno 的支持。

4）添加执行器。

① 进入扩展，单击执行器，如图 8-3 所示。

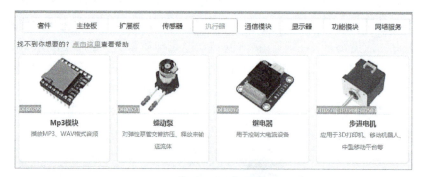

图 8-3　单击执行器

② 选择项目中所要求的 0～180° 舵机，如图 8-4 所示。

图 8-4　选择舵机执行器图

5)将左侧指令拖曳到脚本区,完成舵机程序,如图 8-5 所示。

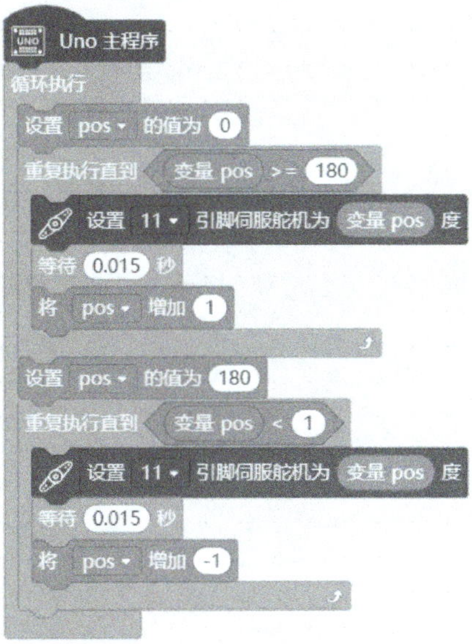

图 8-5 舵机转动图形化编程图

5. 下载程序

输入完毕后,单击 ![上传到设备] ,给 Arduino 下载程序。

运行结果:若以上每一步都已完成,舵机会从 0° 转到 180° 再返回 0°,重复执行。

8.1.3 代码学习

1. 对象

函数通常是按一个个功能来划分的,就像一个个小的储物柜,函数名好比储物柜标签名。在使用的时候,直接看标签就可以。库是什么?库是把多个函数封装打包起来,好比大的储物柜,里面含有一个个小的储物柜。同样,大储物柜也需要一个标签,这个标签的学术名称为"对象",所以这里称为创建一个对象。

2. 库中函数的调用

库函数调用格式如下:

对象名.函数名();

例如 myservo.attach(pin),myservo 是前面设的标签(对象),然后调用的函数是 attach(pin),pin 为数字引脚。

3. 程序编写

```
#include <DFRobot_Servo.h>          //声明调用 Servo.h 库
```

```
Servo myservo;                          // 创建一个舵机对象
int pos=0;                              // 变量 pos 用来存储舵机位置
void setup() {
  myservo.attach（9）;                  // 将引脚 9 上的舵机与声明的舵机对象连接起来
}
void loop() {
  for（pos=0; pos <180; pos+=1）{       // 舵机从 0° 转到 180°，每次增加 1°
    myservo. angle（pos）;              // 给舵机写入角度
    delay（15）;                        // 延时 15ms 让舵机转到指定位置
  }
  for（pos=180; pos>=1; pos-=1）{       // 舵机从 180° 转回 0°，每次减小 1°
    myservo. angle（pos）;              // 写角度到舵机
    delay（15）;                        // 延时 15ms 让舵机转到指定位置
  }
}
```

4. 程序下载

输入完毕后，单击 ![上传到设备] ，给 Arduino 下载程序，上传进度 100% 后，编译界面显示"上传成功"，至此完成下载。

运行结果：若以上每一步都已完成，舵机会从 0° 转到 180° 再返回 0°，重复执行。

8.2 可控舵机

如何进一步通过外部信号让舵机随着输入信号的改变相应改变角度，方便做一些可控的转动装置？这里通过一个可变电阻——电位器来控制舵机。当然也可以通过其他的模拟量或者数字量来控制舵机。

8.2.1 学习目标

1. 图形化编程完成一个可控舵机。
2. 手动编程完成可控舵机实验。

8.2.2 图形化编程

1. 材料

所需材料见表 8-3。

2. 知识要点

知识要点见表 8-4。

第 8 章 电动机实验设计

表 8-3 材料

名称	电子元件	功能描述
面包板		用于接线连接元器件
电位器		1×10kΩ 电位器
舵机模块		9g 小舵机，在 0～180°之间来回转动

表 8-4 知识要点

所属模块	指令	功能
执行器	设置 11▼ 引脚伺服舵机为 90 度	设置舵机角度指令
运算符	映射 0 从 [0 , 1023] 到 [0 , 255]	将一个数从一个范围映射到另外一个范围
Arduino	读取模拟引脚 A0 ▼	读取模拟引脚指令，读取指定引脚收到的值。得到的值为 0～1023。可以赋值给变量或者作为判断条件

3. 硬件连线

从实验盒中取出一个舵机模块，将它的信号 pulse 端接在实验板数字口 9 上，VCC（+）端接实验板 +5V 电源，GND（-）端接实验板地线。电位器两个引脚分别接 5V 与 GND，而另一边只有单独一个引脚的接模拟口 A0，用于作输入信号，如图 8-6 所示，这样就完成了实验的连线部分。

4. 程序编写

1）打开 Mind+ 软件，新建一个项目。
2）切换到上传模式。
3）添加 Arduino Uno 的支持。
4）将左侧指令拖曳到脚本区，完成可控舵机程序，如图 8-7 所示。

> 基于 Arduino 平台的单片机控制技术

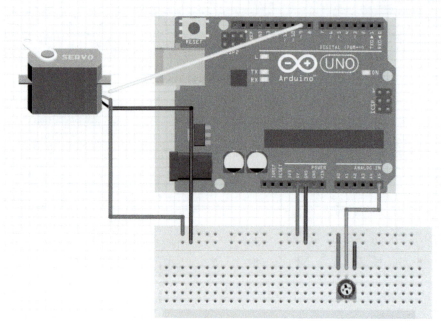

图 8-6 可控舵机接线图

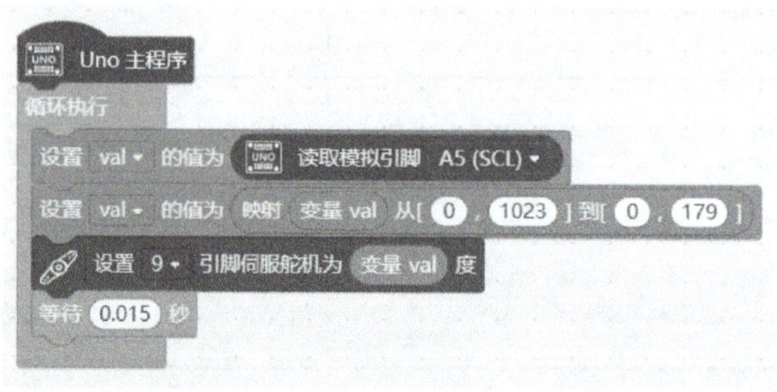

图 8-7 可控舵机图形化编程图

5. 下载程序

输入完毕后，单击 上传到设备，给 Arduino 下载程序。

运行结果：若以上每一步都已完成，当旋转电位器角度时，舵机会随着电位器转动而发生转动。

8.2.3 代码学习

1. map 函数

函数格式如下：

第 8 章 电动机实验设计

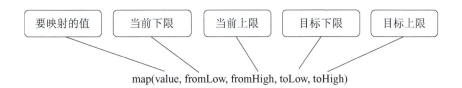

map(value, fromLow, fromHigh, toLow, toHigh)

对应指令：映射 0 从 0 , 1023 到 0 , 255 。

函数功能：将一个数从一个范围映射到另外一个范围。也就是说，会将 fromLow 到 fromHigh 之间的值映射在 toLow 到 toHigh 之间。

2. 程序编写

```
#include <Servo.h>            // 引入 lib
Servo myservo;                // 创建一个伺服电动机对象
#define potpin   A5           // 设定连接可变电阻的模拟引脚
int val;                      // 创建变量，储存从模拟端口读取的值（0 到 1023）
void setup()
{
    myservo.attach (9);       //9 号引脚输出电动机控制信号，仅能使用 9、10 号引脚
}
void loop()
{
    val=analogRead（potpin）;
    // 读取来自可变电阻的模拟值（0 到 1023 之间）
    val=map（val, 0, 1023, 0, 179）;    // 利用"map"函数缩放该值，得到伺服电动机需
                                       // 要的角度（0 到 180 之间）
    myservo.write（val）;               // 设定伺服电动机的位置
    delay（15）;                        // 等待电动机旋转到目标角度
}
```

3. 程序下载

输入完毕后，单击 上传到设备 ，给 Arduino 下载程序，上传进度 100% 后，编译界面显示"上传成功"，至此完成下载。

运行结果：若以上每一步都已完成，当旋转电位器角度时，舵机会随着电位器转动而发生转动。

8.2.4 程序拓展

在学会舵机知识的基础上，结合之前所学知识，本拓展实训可以做一个光线追踪器，舵机自动转向光线最强的方向。

» 基于 Arduino 平台的单片机控制技术

8.3 拓展实训报告

拓展实训名称	光线追踪器制作		
	名称	型号	数量
材料清单			
难点分析			
程序代码			
实训总结			
教师评分			

课后作业

1. 简述 map() 函数的使用方法。
2. 使用舵机和传声器模块完成一个声音跟踪器,使舵机上的传声器会跟随声音源的移动而跟踪移动。

第 9 章

LCD1602 液晶显示实训项目设计

9.1 实训描述

体温计可以显示体温，温湿度计可以显示温度和湿度，生活中有各式各样的显示屏。LCD1602 是单片机控制中常用的显示设备之一，那么如何在 LCD1602 上显示？通过此章节进行学习。

9.2 学习目标

1. 掌握 LCD1602 的接线。
2. 理解 LCD1602 库函数的使用。

9.3 硬件知识

9.3.1 材料清单

材料清单见表 9-1。

表 9-1 材料

名称	电子元件	数量	功能描述或型号
面包板		1 块	用于接线连接元器件
电位器（10kΩ）		1 个	用于调节 LCD 显示屏对比度

（续）

名称	电子元件	数量	功能描述或型号
LCD1602		1块	用于显示

9.3.2 LCD1602 介绍

LCD1602 是一种专门用于显示字母、数字和符号的字符 LCD（液晶显示）模块。其广泛用于工业，比如电子钟、温度显示器。市场上的字符液晶显示器大多是基于 HD44780 字符的 LCD 芯片，控制原理相同。图 9-1 所示为 LCD1602 显示屏。

图 9-1 LCD1602 显示屏

"1602"的含义表示屏幕能显示 2 行，每行显示 16 个字符，因此一屏能显示 32 个字符。

LCD1602 显示屏分为两种：一种是传统的 16 插针的显示屏，一种是带有 I^2C 转接板的显示屏。带转接板的 LCD1602 显示屏，使用了 I^2C 接口，节省了许多的 I/O 口。传统 16 插针的 LCD1602 有 16 个引脚，引脚含义如下：

第 1 脚：VSS 为地电源。

第 2 脚：VDD 接 5V 正电源。

第 3 脚：V0 为液晶显示器对比度调整端。接正电源时对比度最弱，接地电源时对比度最高，对比度过高时会产生"鬼影"，使用时可以通过一个 10kΩ 的电位器调整对比度。

第 4 脚：RS 为寄存器选择。高电平时选择数据寄存器，低电平时选择指令寄存器。

第 5 脚：R/W 为读写信号线。高电平时进行读操作，低电平时进行写操作。当 RS 和 R/W 均为低电平时可以写入指令或者显示地址，当 RS 为低电平、R/W 为高电平时可以读忙信号，当 RS 为高电平、R/W 为低电平时可以写入数据。

第 6 脚：E 端为使能端。当 E 端由高电平跳变成低电平时，液晶模块执行命令。

第 7～14 脚：D0～D7 为 8 位双向数据线。

第 15 脚：A 背光电源正极。

第 16 脚：K 背光电源负极。

LCD1602 集成了字库芯片，通过 LiquidCrystal 类库提供的 API（应用程序接口），可以很方便地显示英文字母与一些符号，使用 LCD1602 前需要先进行硬件接线。

9.3.3 硬件接线

传统 16 插针和带 I^2C 转接板的 LCD1602 显示屏接线方式不同，如图 9-2 所示。

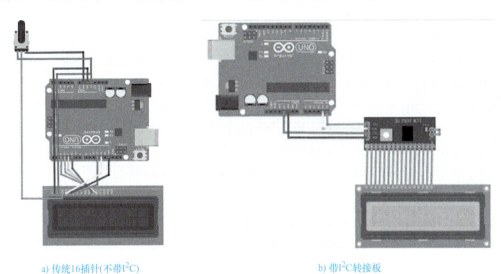

a) 传统16插针(不带I^2C)　　　　　　　　　　b) 带I^2C转接板

图 9-2　LCD1602 接线图

表 9-2 和表 9-3 为两种接线方式对应的引脚表。

表 9-2　传统 16 插针引脚

LCD1602 引脚	Arduino 引脚
RS	pin 12
Enable	pin 11
D4	pin 5
D5	pin 4
D6	pin 3
D7	pin 2
R/W、VSS	GND
VCC	5V

其中，10kΩ 的滑动电阻两端接 GND 和 5V，中间滑片接 V0，功能为调节 LCD1602 的对比度。

表 9-3　带 I^2C 转接板引脚

LCD1602 引脚	Arduino 引脚
GND	GND
VCC	5V
SDA	A4
SCL	A5

其中，I²C 模块的跳线为背光板亮度，跳线断开背光板关闭，接上表示打开背光板。若显示不清，可通过模块背面蓝色电位器调节对比度或将代码第一行 I²C 地址 0x27 改为 0x3f。

9.4 图形化编程

Mind+ 提供了带 I²C 转接板的 LCD1602 模块库，可在拓展菜单中单击显示屏选项选择 LCD1602 进行显示程序设计。

9.4.1 知识要点

知识要点见表 9-4。

表 9-4 知识要点

所属模块	指令	功能
显示器	初始化I2C液晶显示屏 地址为 0x20	初始化 I²C 液晶显示屏，默认设置为 0x27
显示器	I2C液晶显示屏在第 1 行显示 "hello"	在指定行显示内容（第 1 行及第 2 行）
显示器	I2C液晶显示屏在坐标 X: 0 Y: 0 显示 "hello"	在指定位置显示内容，其中 X 表示列，从 0 开始，Y 表示行（第 0 行及第 1 行）
显示器	I2C液晶显示屏清屏	LCD1602 显示屏清屏
控制	等待 1 秒	延迟一定时间

9.4.2 程序编写

图形化编程图如图 9-3 所示。

第 9 章　LCD1602 液晶显示实训项目设计

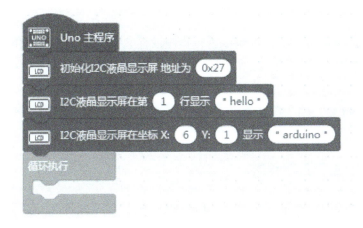

图 9-3　图形化编程图

9.4.3　程序调整及拓展

通过前面程序的学习，知道了 LCD1602 显示屏如何显示字符，值得注意的是，LCD1602 字库不包含中文字符，因此中文字符是无法显示的。在前面学习的基础上，如果要使用 Mind+ 实现显示字幕的滚动，如何实现？

1. 程序调整

先通过调整程序，学习如何显示两页字幕。

调整后的程序如图 9-4 所示。

图 9-4　调整后的程序

2. 任务拓展

可以结合前面章节所学的循环函数进行程序设计，使得显示字符的位置循环移动，从而实现滚动效果。

9.5 代码编程

9.5.1 LCD1602 库函数

在 Arduino 的安装目录下 "\libraries\LiquidCrystal" 可以查看到函数的原型。

（1）LiquidCrystal()

功能：初始化 LCD，定义 LCD 的接口，即各个引脚连接的 Arduino I/O 口编号。

4 位数据线接法：

```
const int rs=12, en=11, d4=5, d5=4, d6=3, d7=2;
LiquidCrystal lcd (rs, en, d4, d5, d6, d7);
```

或

```
LiquidCrystal lcd (12, 11, 5, 4, 3, 2);
```

8 位数据线接法：

```
LiquidCrystal (rs, enable, d0, d1, d2, d3, d4, d5, d6, d7);
LiquidCrystal (rs, rw, enable, d0, d1, d2, d3, d4, d5, d6, d7);
```

（2）begin()

功能：定义 LCD 的长和宽（n 列 $\times n$ 行）。

格式：lcd.begin（cols, rows）;

例如：lcd.begin（16, 2）;   //16 列, 2 行

（3）clear()

功能：清空 LCD。

格式：lcd.clear();

（4）write()

功能：在屏幕上显示内容（内容必须是一个变量，如 "Serial.read()"）。

格式：lcd.write（data）;   //data 为定义的变量

（5）print()

功能：在屏幕上显示内容（字母、字符串等）。

格式：lcd.print（data）; 或 lcd.print（data, BASE）;

其中，data 为需要输出的数据（类型可为 char、byte、int、long、String）；BASE 为输出的进制形式，可取 BIN（二进制）、DEC（十进制）、OCT（八进制）、HEX（十六

进制)。

例如：lcd.print("hello，world!");　　　　// 显示 hello，world! 在 LCD 屏上

返回值：输出的字符数。

(6) noDisplay()

功能：关闭显示，但不会丢失原来显示的内容。

格式：lcd.noDisplay();

(7) display()

功能：在使用 noDisplay() 函数关闭显示后，打开显示并恢复原来内容。

格式：lcd.display();

(8) setCursor()

功能：移动光标到特定位置。

格式：lcd.setCursor（col，row）;

例如：lcd.setCursor（0，1）;　　　　// 光标位于第 0 列，第 1 行

(9) noCursor()

功能：隐藏光标。

格式：lcd.noCursor();

返回值：无。

(10) blink()

功能：开启光标闪烁。

格式：lcd.blink();

返回值：无。

(11) noBlink()

功能：关闭光标闪烁。

格式：lcd.noBlink();

返回值：无。

(12) scrollDisplayLeft()

功能：将 LCD 屏幕上的内容向左移动一格。

格式：lcd.scrollDisplayLeft();

返回值：无。

(13) scrollDisplayRight()

功能：将 LCD 上的内容向右移动一格。

格式：lcd.scrollDisplayRight();

返回值：无。

还有其他库函数，等实际用到时可以查询使用。

9.5.2 程序编写

```
#include <LiquidCrystal.h>
const int rs=12, en=11, d4=5, d5=4, d6=3, d7=2;
LiquidCrystal lcd (rs, en, d4, d5, d6, d7);
void setup() {
  lcd.begin (16, 2);
  lcd.print ("hello");
  lcd.setCursor (6, 1);
  lcd.print ("Arduino");
}
void loop() {

}
```

9.5.3 程序调整及拓展

1. 程序调整

显示两页字幕的代码程序如下：

```
#include <LiquidCrystal.h>
const int rs=12, en=11, d4=5, d5=4, d6=3, d7=2;
LiquidCrystal lcd (rs, en, d4, d5, d6, d7);
void setup() {
  lcd.begin (16, 2);
  lcd.print ("hello");
  lcd.setCursor (6, 1);
  lcd.print ("Arduino");
  delay (1000);
  lcd.clear();
  lcd.print ("hi!");
}
void loop() {
}
```

2. 任务拓展

增加 scrollDisplayLeft() 或 scrollDisplayRight() 函数实现字幕滚动。

9.6 拓展实训报告

拓展实训名称	LCD1602滚动显示字幕		
材料清单	名称	型号	数量
难点分析			
程序代码			
实训总结			
教师评分			

课后作业

1. [单选] LCD1602 模块的 RS=1，R/W=0，表示（　　）。
   A. 指令寄存器写入　　　　　　　　B. 数据寄存器写入
   C. 忙信号读出　　　　　　　　　　D. 数据寄存器读出

2. [单选] LCD1602 的使能端 E，在引脚上出现（　　）后，模块执行命令。
   A. 低电平　　　　　　　　　　　　B. 高电平
   C. 负跳变　　　　　　　　　　　　D. 正跳变

3. [单选] 导入 "LiquidCrystal.h" 的意思是（　　）。

> 基于 Arduino 平台的单片机控制技术

  A. 导入液晶显示库   B. 导入舵机驱动库
  C. 导入超声测距库   D. 导入红外遥控库

4. [判断] LCD1602 显示屏带中文字符库。   （　　）

5. [填空]LCD1602 能显示（　　　　）行和（　　　　）列，共（　　　　）个字符。

6. [简答] 用什么语句可以将字符"AB"通过液晶模块 LCD1602 显示在屏幕的右下角。

第 10 章

串口通信实训项目设计

10.1 实训描述

串口也叫通用异步接收发送设备（UART），是 Arduino Uno 控制板最基本的通信接口，在此前的学习中，上传程序或调用串口监视器都是利用串口通信实现的。对于 Arduino Uno 控制板，只有一组串口，使用时占用数字端子 0（RX）和 1（TX）。本章节学习如何使计算机与 Arduino 通过串口进行通信，控制 LED 的状态。

10.2 学习目标

1. 认识什么是串口通信。
2. 理解串口通信函数库语句。
3. 掌握 Arduino 串口通信编程方法。

10.3 硬件知识

串口通信指通过开发板和计算机间的串口线一个比特一个比特逐位地进行通信传输的通信方式。在生活中，计算机与打印机之间信息传送采用的就是串口通信。

10.3.1 材料清单

材料清单见表 10-1。

表 10-1 材料

名称	电子元件	功能描述
面包板		用于接线连接元器件

(续)

名称	电子元件	功能描述
电阻		220Ω
红色 LED		LED 发光模块是入门用户必备的电子元件，编程输出控制亮度取值范围为 0 ～ 255。可以用数字端口控制灯的亮灭，也可以用模拟端口控制灯的亮度。输入高电平灯亮，低电平则灯灭

10.3.2　硬件材料介绍

在此前的实训中，用到了 Serial.begin() 和 Serial.print() 等语句，这些语句就是在操作串口。Arduino 与计算机通信最常用的方式就是串口通信，在之前章节下载程序的传输过程实际上就是串口通信。

在 Arduino 控制器上，串口位于 0（RX）和 1（TX）两个引脚，Arduino 的 USB 口通过一个转换芯片与这两个串口引脚连接。转换芯片的作用是通过 USB 接口在所连接的计算机上虚拟出一个用于与 Arduino 通信的串口，从而建立计算机与 Arduino 之间串口连接，进行数据互传。

每台设备的串口通常只能与另外一台设备的串口进行通信，进行通信的两台设备的串口对应的发送端子（TX）和接收端子（RX）需要交叉相连，共用一个电源地，连接示意图如图 10-1 所示。

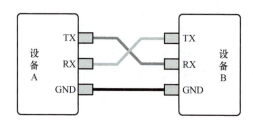

图 10-1　两台设备串口连接示意图

其中对于控制板，RX 对应 Uno 控制板的 "0" 号端子，TX 对应 "1" 号端子。

10.3.3　硬件连线

上传程序的过程实际就是占用串口进行通信的过程，因此通信不需另外接线，只需根据此前所学，连接一盏 LED 即可，串口通信实训硬件连线图如图 10-2 所示。

第 10 章 串口通信实训项目设计

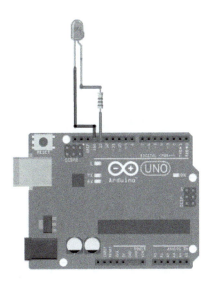

图 10-2 串口通信实训硬件连线图

10.4 图形化编程

10.4.1 知识要点

知识要点见表 10-2。

表 10-2 知识要点

所属模块	指令	功能
Arduino	设置串口波特率为 9600	串口初始化
Arduino	串口 字符串输出 hello 换行	串口输出指定内容
Arduino	串口有数据可读?	判断是否接收到数据,与条件判断语句组合使用
Arduino	读取串口数据	读取串口接收到的数据,读取到的内容要存放至变量

10.4.2 程序编写

图形化编程图如图 10-3 所示。

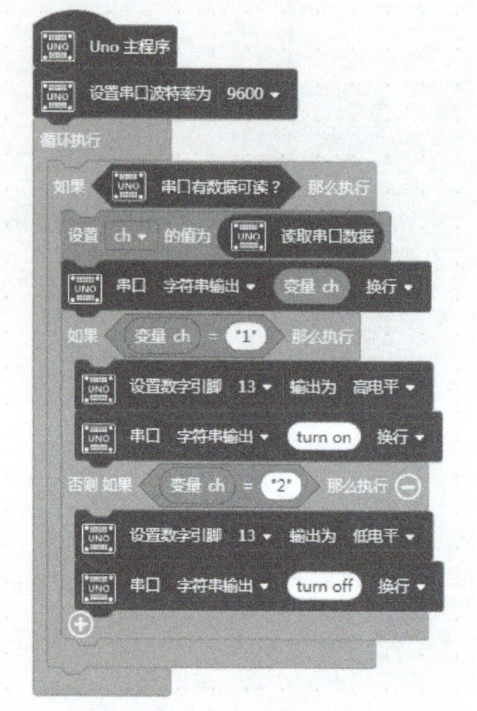

图 10-3　图形化编程图

10.4.3 程序拓展

在此前程序的基础上，结合前面章节内容，修改程序，通过计算机发送字符控制实现花样灯效果。

10.5　代码编程

10.5.1 串口通信语句

1. 串口初始化

要想使 Arduino 串口与计算机通信，需要先使用 Serial.begin() 函数初始化 Arduino 串口通信功能，即

Serial.begin（speed）；　　// 参数 speed 指串口通信波特率

第 10 章　串口通信实训项目设计

串口通信波特率指设定串口通信速率的参数，串口通信双方必须使用同样的波特率方能正常进行通信。Arduino 串口通信通常使用以下波特率数值：300、600、1200、2400、4800、9600、14400、19200、28800、38400、57600、115200。例如之前实验在程序初始化时，设 speed 为 9600。

波特率的大小衡量通信速率，单位为 bit/s，即每秒传送的比特数。例如 9600 波特表示每秒发送 9600bit 的数据。波特率越大，说明串口通信的速率越高。

2. 串口输出

在串口初始化完成后，便可以使用 Serial.print() 或 Serial.println() 函数向计算机或使用串口连接的其他设备发送信息了，函数用法如下：

```
Serial.print（val）;
Serial.println（val）;      // 参数 val 是要输出的数据，允许输出各种数据类型
```

Serial.println（val）语句也是使用串口输出数据，不同的是在其输出完指定的 val 数据后，再输出一组回车换行符（/r/n）。

下面是使用串口输出数据到计算机的示例程序。

```
int counter  =0;                    // 定义计数器变量
void setup()  {
  // 初始化串口
      Serial.begin（9600）;
}

void loop(){
  counter = counter+1;              // 循环一次，计数器变量加 1
  Serial.print（counter）;           // 输出变量 counter
  Serial.print（': '）;              // 输出字符：
  Serial.println（"Hello  World"）;  // 输出字符串并换行
  delay（1000）;                     // 延时一段时间，进行下次循环
}
```

下载该程序到 Arduino，然后通过单击 Arduino IDE 右上角的 图标打开串口监视器，看到串口输出信息如图 10-4 所示。

串口监视器是 Arduino IDE 自带的一个小工具，可用来查看串口传来的信息，也可向连接的设备发送信息。为了保证能够正常收 / 发数据，要注意串口监视器右下角的波特率设置，下拉菜单设置波特率与程序编写初始化的波特率保持一致。

3. 串口输入

除了输出，串口也可以接收由计算机或串口连接的设备所发出的数据。接收串口数据需要使用 Serial.read() 函数，用法如下：

109

图 10-4 串口输出信息

```
Serial.read();
```

当程序调用该语句时,每次都会向 Arduino 返回 1 字节数据,该返回值便是当前串口读到的数据。

下载以下程序到 Arduino。

```
char ch;
void setup(){
    Serial.begin(9600);
}

void loop(){

    ch=Serial.read();           // 读取输入的信息
    Serial.print(ch);           // 输出读取的信息
    delay(1000);
}
```

程序下载成功后,运行串口监视器,程序运行结果如图 10-5 所示,在上方"发送"按钮左侧的文本框中输入要发送的信息,如"arduino",则会看到在输出了"arduino"的同时还出现了乱码。这些乱码是由在串口缓冲区中没有可读数据造成的。当缓冲区中没有可读数据时,Serial.read() 函数会返回 int 型值 –1,而 int 型值 –1 对应的 char 型数据便是输出的乱码。

什么是串口缓冲区?在使用串口时,Arduino 会在 SRAM 中开辟一段大小为 64B 的空间,串口接收到的数据都会被暂时存放在该空间中,称这个存储空间为串口缓冲区。当调用 Serial.read() 函数时,便是从缓冲区中取出 1B 的数据。

通常在使用串口读取数据时,为了解决乱码问题,需要搭配使用 Serial.available() 函数,用法如下:

```
Serial.available();
```

第 10 章　串口通信实训项目设计

图 10-5　程序运行结果图 1

其返回值便是当前缓冲区中接收到的数据字节数。

知道缓冲区的字节数，可以搭配 if 或 while 语句来使用。

使用思路为检测缓冲区中是否有可读数据。为 0 则无数据，此时跳过读取或者进行延时等待，待有数据时再进行读取。

示例代码如下：

```
char ch;
void setup() {
    Serial.begin (9600);
}

void loop(){
    if ( Serial .available ()>0)            // 如果缓冲区中有数据，则读取输出
    // 如没有，不执行
    {
        ch=Serial.read();                   // 读取输入的信息
        Serial.print（ch）;
    }
}
```

程序下载完成后，打开串口监视器，输入并发送任意信息，则会看到 Arduino 输出了刚发送过去的信息，并且不再出现乱码了，如图 10-6 所示。

图 10-6　程序运行结果图 2

111

在串口监视器的右下角还有一个设置结束符的下拉菜单,如果进行设置,则在程序运行最后发送完数据时,串口监视器会自动发送一组已设定的结束符,如回车符和换行符。

在程序执行中,观察板子,可以发现 Arduino 控制器上标有 RX 和 TX 的 2 个 LED 会闪烁提示,即当接收数据时 RX 灯会点亮,当发送数据时 TX 灯会点亮。

10.5.2　程序编写

程序中使用 Serial.read() 函数接收数据并进行判断。当接收到的数据为"1"时,点亮 LED 并输出提示;当为"2"时,关闭 LED 并输出提示。

```
void setup() {
    Serial. begin（9600）;
    pinMode（13，OUTPUT）;   // 定义 13 号引脚为输出引脚,控制 LED
}

void loop() {
    if（Serial.available ()>0）        // 如果缓冲区中有数据,则读取输出
    // 如没有,不执行
    {
        char ch=Serial .read ();        // 读取输入的信息
        Serial.print（ch）;
        if（ch=='1'）                  // 开灯
        {
            digitalWrite（13，HIGH）;
            Serial.println（"turn on"）;
        }
        else if（ch=='2'）             // 关灯
        {
            digitalWrite（13，LOW）;
            Serial.println（"turn off"）;
        }
    }
}
```

10.5.3　程序拓展

在前文代码程序的基础上,增加 6 盏 LED,实现计算机发送不同字符控制花样灯设计。

10.6 拓展实训报告

拓展实训名称	发送字符控制实现花样灯		
材料清单	名称	型号	数量
难点分析			
程序代码			
实训总结			
教师评分			

课后作业

1. [填空] Arduino Uno R3 开发板上,硬件串口位于 RX(　　　　)和 TX(　　　　)引脚上。
2. [填空] 实现串口输出显示功能的语句是(　　　　)。
3. [简答] 在 Arduino 中,"Serial.begin(9600)"的意义是什么?
4. [简答] 当计算机通过串口发送数据至 Arduino 时,如何实现无乱码读取?

第 11 章

温度传感器 DS18B20 实训项目设计

11.1 实训描述

在单片机控制实验中,可以实现温度测量的电子元器件很多,如 DS18B20 芯片、LM335A 芯片以及热敏电阻等,本章节使用 DS18B20 芯片实现温度测量,结合实际,实现当前温度显示至串口监视器及 LCD1602。

11.2 学习目标

1. 认识温度传感器的作用。
2. 认识温度传感器的特性及引脚。
3. 理解单总线工作原理。
4. 理解如何通过二进制时序对硬件进行控制。
5. 掌握温度传感器函数库的使用,学会 Arduino 编程。

11.3 硬件知识

11.3.1 材料清单

材料清单见表 11-1。

表 11-1 材料

名称	电子元件	数量	功能描述或型号
扩展板		1 块	用于拓展接线口,便于接线连接元器件

第 11 章 温度传感器 DS18B20 实训项目设计

（续）

名称	电子元件	数量	功能描述或型号
DS18B20 温度传感器模块	DS18B20温度传感器模块	1 块	感知温度
LCD1602		1 块	用于显示温度值

11.3.2 温度传感器介绍

温度传感器就是利用物质各种物理性质随温度变化的规律把温度转换为电量的传感器。温度传感器是温度测量仪表的核心部分，品种繁多。按测量方式可分为接触式和非接触式两大类，按照传感器材料及电子元器件特性分为热电阻和热电偶两类。本实验使用的是 DS18B20 温度传感器。

DS18B20 是常用的数字温度传感器，其输出的是数字信号。DS18B20 温度传感器如图 11-1 所示，引脚定义见表 11-2。

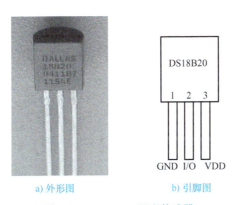

a) 外形图　　　　　　　　b) 引脚图

图 11-1　DS18B20 温度传感器

表 11-2　DS18B20 引脚定义

I/O（DQ）	数字信号输入/输出端
GND	电源地
VDD	外接供电电源输入端（在寄生电源接线方式时接地）

DS18B20 是单线数字温度传感器，即"一线器件"，其具有独特的优点：

1）采用单总线的接口方式，与微处理器连接时仅需要一条口线即可实现微处理器与 DS18B20 的双向通信。单总线具有经济性好、抗干扰能力强和适合于恶劣环境的现场温度测量等优点。

2）测量温度范围宽，DS18B20 的测量范围为 –55 ~ 125℃；精度高，在 –10 ~ 85℃

范围内，精度为 ±0.5℃。

3）在使用中不需要任何外围元件。

4）支持多点组网功能，多个DS18B20可以并联在唯一的单线上，实现多点测温。

5）供电方式灵活，DS18B20可以通过内部寄生电路从数据线上获取电源。因此，当数据线上的时序满足一定的要求时，可以不接外部电源，从而使系统结构更趋简单，可靠性更高。

6）测量参数可配置，DS18B20的测量分辨率可通过程序设定为9～12位，对应的可分辨温度分别为0.5℃、0.25℃、0.125℃和0.0625℃。

7）负压特性电源极性接反时，温度计不会因发热而烧毁，但不能正常工作。

8）具有掉电保护功能，DS18B20内部含有EEPROM，在系统掉电以后，它仍可保存分辨率及报警温度的设定值。

11.3.3 硬件连线

硬件连线图如图11-2所示。

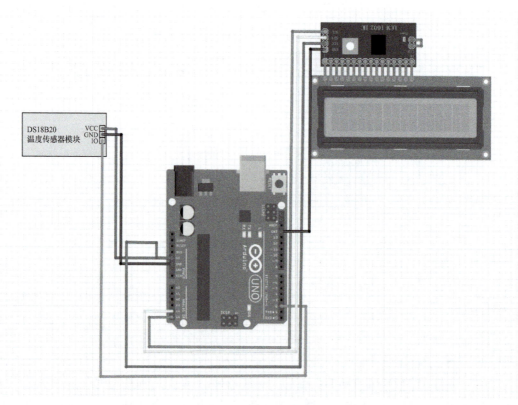

图11-2　硬件连线图

其中，DS18B20模块的数据输出口与Arduino Uno控制板的D2口相连，本实训LCD显示屏使用带I^2C的LCD1602模块，接线方式参考本书第9章进行连接。

11.4 图形化编程

11.4.1 知识要点

知识要点见表 11-3。

表 11-3 知识要点

所属模块	指令	功能
 传感器	读取引脚 5 DS18B20温度(℃)	从指定引脚读取温度值

11.4.2 程序编写

程序编程图如图 11-3 所示。

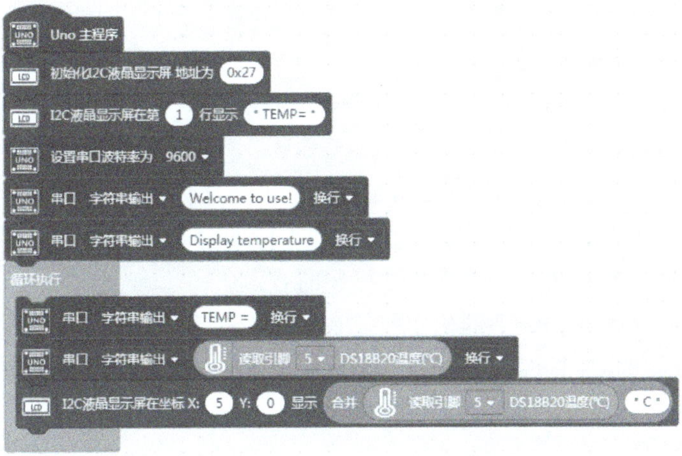

图 11-3 程序编程图

11.4.3 程序拓展

在实训程序基础上,增加蜂鸣器,设定报警温度,当环境温度超过设定温度时,蜂鸣器报警。

11.5 代码编程

11.5.1 DS18B20 的控制命令和基本操作

DS18B20 是单线数字温度传感器,如何通过一条传输线知道二进制数字串的意义?

需要了解 DS18B20 的控制命令及其基本操作。

DS18B20 有 6 条控制命令，见表 11-4。

表 11-4 DS18B20 的 6 条控制命令

命令	约定代码	操作说明
温度转换	44H	启动 DS18B20 进行温度转换
读暂存器	BEH	读暂存器 9 字节二进制数字
写暂存器	4EH	将数据写入暂存器的 TH、TL 字节
复制暂存器	48H	把暂存器的 TH、TL 字节写到 EEPROM 中
重新调用 EEPROM	B8H	把 EEPROM 中的 TH、TL 字节写到暂存器 TH、TL 字节
读电源供电方式	B4H	启动 DS18B20，发送电源供电方式的信号给主 CPU

DS18B20 有 3 个基本操作。

1. 初始化

1）先将数据线置高电平"1"。

2）延时（该时间要求不是很严格，但是尽可能短一点）。

3）数据线拉到低电平"0"。

4）延时 750μs（该时间的时间范围为 480～960μs）。

5）数据线拉到高电平"1"。

6）延时等待，如果初始化成功，则在 15～60μs 之内产生一个由 DS18B20 所返回的低电平"0"。根据该状态可以来确定延时等待的存在，但是应注意不能无限进行等待，不然会使程序进入死循环，所以要进行超时控制。

7）若 CPU 读到了数据线上的低电平"0"后，还要做延时，其延时的时间从数据线拉高到高电平"1"的时间算起，最少要 480μs。

8）将数据线再次拉高到高电平"1"后结束。

2. 写操作

1）数据线先置低电平"0"。

2）延时时间为 15μs。

3）按从低位到高位的顺序发送字节（一次只发送一位）。

4）延时时间为 45μs。

5）将数据线拉到高电平。

6）重复以上的操作直到所有的字节全部发送完为止。

7）最后将数据线拉高。

3. 读操作

1）将数据线拉高到高电平"1"。

2）延时 2μs。

3)将数据线拉低到低电平"0"。

4)延时 3μs。

5)将数据线拉高到高电平"1"。

6)延时 5μs。

7)读数据线的状态得到 1 个状态位,并进行数据处理。

8)延时 60μs。

了解了温度传感器的工作原理之后,是否需要进行底层编程呢?由之前的学习可知,Arduino 有非常丰富的函数库资源,因此只需要学会 DS18B20 库的调用即可。

11.5.2 程序编写

在编写程序之前,首先将"OneWire"文件夹复制到 Arduino 安装位置的"libraries"文件夹中,重启 Arduino。实训程序编写代码如下。

```
#include <Arduino.h>
#include <OneWire.h>
#define  DebugSerial   Serial                // 用于把数据通过串口界面返回
OneWire   ds (2);                            // 连接 Arduino 引脚 2(开发板 I/O 口)
#include <LiquidCrystal_I2C.h>
#include <Wire.h>
LiquidCrystal_I2C lcd (0x3f, 16, 2);
float Temp_Buffer=0;

void setup()
{
  DebugSerial.begin (9600);                   // 设置通信的波特率值为 9600
  DebugSerial.println ("Welcome to use!");    // 发送的内容
  DebugSerial.println ("Display temperature"); // 发送的内容
  lcd.init();                                  // 初始化 LED
  lcd.backlight();
}

void loop()
{
  Temp_Buffer=readDs18b20();
  DebugSerial.print ("TEMP=");
  DebugSerial.println (Temp_Buffer);
  lcd.setCursor (0, 0);
  lcd.print ("TEMP=");
  lcd.print (Temp_Buffer);
  lcd.print (" C ");
  delay (500);
```

}

// 封装的读取温度值函数，将二进制数据转换为十进制，返回值为 float 型数
```
float readDs18b20()
{
  byte i;
  byte present=0;
  byte type_s;
  byte data[12];
  byte addr[8];
  float celsius, fahrenheit;
  if (!ds.search (addr)) {
    ds.reset_search();
    delay (250);
  }
  if (OneWire::crc8 (addr, 7)!=addr[7]) {
    return 0;
  }
  Serial.println();
  switch (addr[0]) {
    case 0x10:
      type_s=1;
      break;
    case 0x28:
      type_s=0;
      break;
    case 0x22:
      type_s=0;
      break;
    default:
      return 0;
  }
  ds.reset();
  ds.select (addr);
  ds.write (0x44, 1);           // 开始转换，最后打开寄生电源
  delay (1000);                 // 大于或等于 750ms 即可
  present=ds.reset();
  ds.select (addr);
  ds.write (0xBE);
  for (i=0; i<9; i++) {         // 需要 9 个字节
    data[i]=ds.read();
  }
  // 将数据转换为实际温度
```

```
unsigned int raw=（data[1]<<8）| data[0];
if（type_s）{
    raw=raw<<3;                    //默认9位分辨率
    if（data[7]==0x10）{
        //剩余计数给出完整的12位分辨率
        raw=（raw & 0xFFF0）+12-data[6];
    }
}
else {
    byte cfg=（data[4] & 0x60）;
    if（cfg==0x00）raw=raw & ～7;
    else if（cfg==0x20）raw=raw & ～3;
    else if（cfg==0x40）raw=raw & ～1;
        }
celsius=（float）raw/16.0;
return celsius;
}
```

11.5.3 程序拓展

使用选择结构,增加温度阈值,当检测温度达到阈值以上时,蜂鸣器报警,起到温度过高的警示作用。

11.6 拓展实训报告

拓展实训名称	温度报警器制作		
	名称	型号	数量
材料清单			
难点分析			

» 基于 Arduino 平台的单片机控制技术

（续）

拓展实训名称	温度报警器制作
程序代码	
实训总结	
教师评分	

课后作业

1. [选择] DS18B20 是（　　）的集成温度传感器。

A. 电流输出型　　　　　　　　　　B. 电压输出型

C. 数字输出型　　　　　　　　　　D. 电阻输出型

2. [填空] DS18B20 采用（　　　）的接口方式。

3. [填空] 数字温度传感器 DS18B20 可以测量（　　　），输出（　　　）位数字量。

第 12 章

温湿度传感器 DHT11 实训项目设计

12.1 实训描述

温湿度传感器 DHT11 模块不仅可以实现温度量的采集，还能实现湿度检测功能，其内部集成了温度传感器、湿度传感器及信号处理集成芯片。现下智能家居发展迅速，为了提供一个良好的居住环境，本章节通过设计一个温湿度检测器，可安装在家里，监控家里环境的温度和湿度，从而与空调以及加湿器或干燥机进行联动，提高居住体验和改善家居环境。

12.2 学习目标

1. 认识温湿度传感器的作用。
2. 认识温湿度传感器的特性及引脚。
3. 理解温湿度传感器的工作原理。
4. 掌握温湿度传感器函数库的使用，学会 Arduino 编程。
5. 掌握温湿度传感器的引脚连接。

12.3 硬件知识

12.3.1 材料清单

材料清单见表 12-1。

表 12-1 材料

名称	电子元件	数量	功能描述或型号
扩展板		1 块	用于拓展接线口，便于接线连接元器件

（续）

名称	电子元件	数量	功能描述或型号
DHT11 温湿度传感器模块		1块	感知温度及湿度，转换为数字信号输出
LCD1602		1块	用于显示温湿度值

12.3.2　温湿度传感器模块介绍

DHT11 数字温湿度传感器是一款包含已校准数字信号输出的温湿度复合传感器，它采用专用数字模块采集技术和温度-湿度传感技术，确保产品具有高可靠性和长期稳定性。传感器包括一个电阻式感湿元件和一个 NTC 测温元件，并与一个高性能 8 位微控制器相连接。每个 DHT11 传感器都在极为精确的湿度校验室中进行校准。校准系数以程序的形式存在 OTP（一次性可编程存储器）内存中，传感器内部在检测信号的处理过程中要调用这些校准系数，提高测量精度。其精度：湿度为 ±5%RH、温度为 ±2℃，量程：湿度为 5%～95%RH、温度为 -20～60℃。采用的通信方式为单线制串行接口，使系统集成变得简易快捷。产品为 4 针单排引脚封装，连接方便。

DHT11 在实际使用时一般将 DATA 端与 VCC 端直接连接一个 10kΩ 的电阻，并在 VCC 端与 GND 端连接一个 0.1μF 的电容，DATA 端使用时与单片机 IO 口相连，进行数据传输，如图 12-2 所示。温湿度传感器实物图及 DHT11 实际使用接线如图 12-1 所示，DHT 引脚说明见表 12-2。

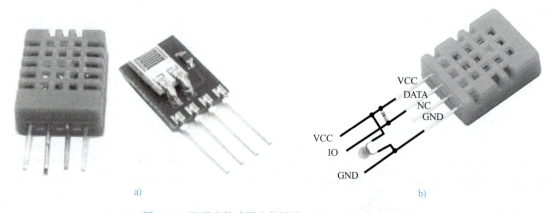

a)　　　　　　　　　　　　　　　　　b)

图 12-1　温湿度传感器实物图及 DHT11 实际使用接线

第 12 章　温湿度传感器 DHT11 实训项目设计

表 12-2　DHT 引脚说明

VCC	连接电源正极（3～5V）
DATA	串行数据，单总线，必须连接到一个接近 5.1kΩ 的上拉电阻，空闲时间内保持高电平
GND	连接电源负极
NC	悬空引脚（电路连接时可和负极相连）

12.3.3　硬件连线

硬件连线如图 12-2 所示。

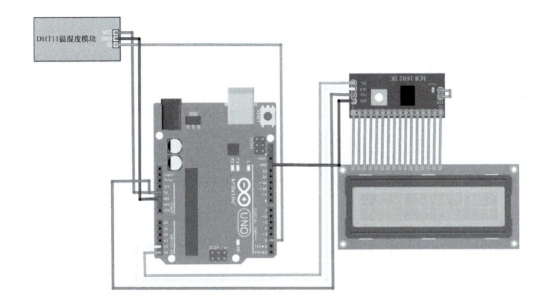

图 12-2　硬件连线

其中，DHT11 模块的 DATA 数据输出端（IO）接 Arduino Uno 控制板 D2 口。具体接线对应关系见表 12-3。

表 12-3　实训硬件接线

LCD 显示屏	Arduino
GND	GND
VCC	5V
SDA	A4
SCL	A5

基于 Arduino 平台的单片机控制技术

（续）

温湿度传感器	Arduino
GND	GND
VCC	5V
DATA	D2

12.4 图形化编程

12.4.1 知识要点

知识要点见表 12-4。

表 12-4 知识要点

所属模块	指令	功能
传感器	读取引脚 5 DHT11 温度(°C)	从指定引脚读取温度值和湿度值

12.4.2 程序编写

程序编程图如图 12-3 所示。

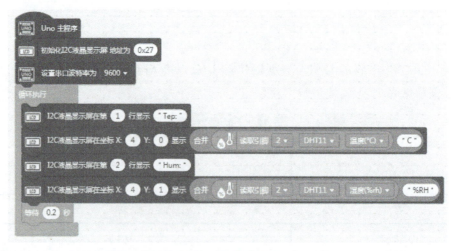

图 12-3 程序编程图

12.4.3 程序拓展

结合此前章节所学蜂鸣器控制及舵机控制，使用选择结构，实现当温度达到阈值时，蜂鸣器报警，当湿度达到阈值时，舵机转动模拟启动加湿器，实现湿度调节。

12.5 代码编程

12.5.1 代码知识

DHT11 与微处理器之间的通信采用单总线方式，只需要一个线程，一次发送 40 个数据，即 40bit。

发送的 40 个数据的格式为：8bit 湿度整数数据 +8bit 湿度十进制数据 +8bit 温度整数数据 +8bit 温度十进制数据 +8 位奇偶校验位。

微处理器（M0）和 DHT11 的通信协议采用主从结构，DHT11 是从机，微处理器为主机，从机只能在主机呼叫时响应。通信过程如图 12-4 所示。

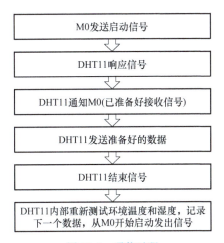

图 12-4　通信过程

通过该过程，可以知道每次 M0 收集到的数据始终是最后一次 DHT11 数据，不是实时数据，如果想获得实时数据，那么 M0 可以收集两个连续的数据。但不建议连续多次读取 DHT11，如果每次读取的间隔时间超过 5s，则足以获得准确的数据。DHT11 在通电时需要 1s 才能稳定。

通信过程中，每个过程的时序步骤如下：

（1）M0 启动信号

1）将 DATA 引脚设置为输出状态并输出高电平。

2）然后将 DATA 引脚输出低电平，持续时间超过 18ms，检测到后，DHT11 从低功耗模式变为高速模式。

3）将 DATA 引脚设置为输入状态，由于上拉电阻，它变为高电平，从而完成启动信号。

时序图如图 12-5 所示。

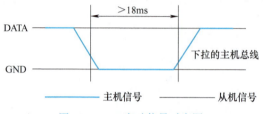

图 12-5　M0 启动信号时序图

（2）DHT11 响应信号、就绪信号　当 M0 DATA 引脚输出低电平时，DHT11 从低功耗模式切换到高速模式，等待 DATA 引脚进入高电平。

1）DHT11 输出 80μs 低电平作为响应信号。

2）DHT11 输出 80μs 高电平，通知微处理器（M0）准备好接收数据。

3）连续发送 40 个数据（上次检测的数据）。

时序图如图 12-6 所示。

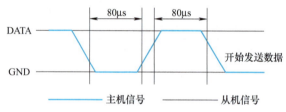

图 12-6　DHT11 响应信号、就绪信号时序图

（3）DHT11 数据信号

1）"0"格式数据：50μs 低电平 +26～28μs 高电平。

2）"1"格式数据：50μs 低电平 +70μs 高电平。

时序图如图 12-7 所示。

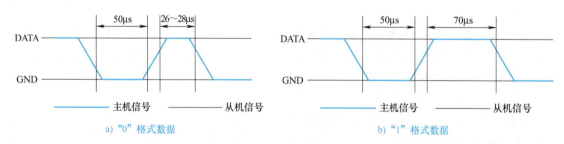

a）"0"格式数据　　　　　　　　　　　　b）"1"格式数据

图 12-7　DHT11 数据信号时序图

（4）DHT11 终止信号　DHT11 的 DATA 引脚输出 40 个数据，且连续输出低电平 50μs 后，转入输入状态。由于上拉电阻，DATA 变为高电平。DHT11 内部重新测试环境

温度和湿度，记录来自外部的下一个启动信号的数据。时序图如图 12-8 所示。

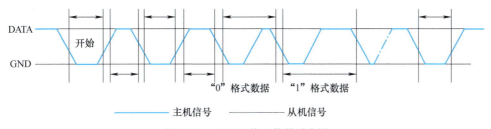

图 12-8　DHT11 终止信号时序图

以上通信过程已封装在"dht11.h"库函数中，在程序编写时，只需要安装库函数后调用即可进行读取数据。

12.5.2　程序编写

在编写程序之前，首先将"dht11"文件夹复制到 Arduino 安装位置的"libraries"文件夹中，重启 Arduino。

```
#include <Wire.h>
#include"dht11.h"
#include "LiquidCrystal_I2C.h"
#define    DHT11PIN   2
dht11    DHT11;
LiquidCrystal_I2C lcd（0x27，16，2）;
void setup() {
  pinMode（DHT11PIN，OUTPUT）;
  lcd.init();
  lcd.backlight();
  Serial.begin（9600）;
}
void loop() {
  int chk=DHT11.read（DHT11PIN）;
  lcd.setCursor（0，0）;
  lcd.print（"Tep："）;
  lcd.print（（float）DHT11.temperature，2）;          // 显示温度
  lcd.print（"C"）;
  lcd.setCursor（0，1）;
  lcd.print（"Hum："）;
  lcd.print（（float）DHT11.humidity，2）;             // 显示湿度
  lcd.print（"%RH"）;
  delay（200）;

}
```

12.5.3 程序拓展

使用选择语句结合蜂鸣器控制程序及舵机控制程序,编写代码实现温度超阈值,蜂鸣器报警,湿度超阈值,舵机转动(可以设档位对应不同角度)。

12.6 拓展实训报告

拓展实训名称	温湿度报警调节系统实训		
材料清单	名称	型号	数量
难点分析			
程序代码			
实训总结			
教师评分			

课后作业

1. [单选] DHT11 温湿度传感器采用(　　)输出。
   A. 模拟信号　　　　　　　　　　B. 数字信号

C. 数模混合信号　　　　　　　　　　D. 以上都不正确

2. [单选] DHT11 温湿度传感器采用（　　）个引脚封装。

A. 2　　　　　　B. 3　　　　　　C. 4　　　　　　D. 5

3. [判断] DHT11 传感器数据传输采用单总线的形式。（　　）

4. [判断] DHT11 传感器数据输出分为小数部分和整数部分，一次完整的数据传输为 40bit，同时数据是高位先出。（　　）

第 13 章

超声波 HC-SR04 模块实训项目设计

13.1　实训描述

超声波传感器的型号有很多,其中较为常用的是 HC-SR04 模块,它带有一个超声波发射探头和一个超声波接收探头以及控制电路,实现超声波测距。智能汽车是现下汽车行业发展的重点,超声波传感器在汽车制造中是不可或缺的传感器,例如倒车雷达。为了能设计出雷达系统,本实训要求学会使用超声波模块测距并输出显示。

13.2　学习目标

1. 了解超声波模块的作用及特性。
2. 认识超声波模块的引脚。
3. 理解超声波模块的工作原理及时序控制。
4. 掌握 pulseIn() 函数的使用方法。
5. 掌握超声波模块的引脚连接方法。

13.3　硬件知识

13.3.1　材料清单

材料清单见表 13-1。

表 13-1　材料

名称	电子元件	数量	功能描述或型号
HC-SR04 超声波模块		1 块	发射超声波并接收,输出距离数据

13.3.2 硬件材料介绍

1. HC-SR04 模块介绍

超声波发射器向某个方向发射超声波,当空气中的超声波遇到障碍物时,它会立即返回,通过测量发射到返回的时间,就能计算距离,如图 13-1 所示。

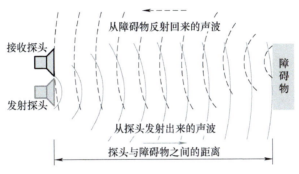

图 13-1 超声波测距图

HC-SR04 是一款超声波测距模块的型号,这款模块可提供 2～400cm 的非接触式距离感测功能,测距精度可达到 3mm,模块包括了超声波发射器、接收器与控制电路三个部分。图 13-2 为超声波模块实物图,表 13-2 为 HC-SR04 引脚说明。

图 13-2 超声波模块实物图

表 13-2　HC-SR04 引脚说明

VCC	连接 5V 电源
Gnd	连接电源负极，地线
Trig	触发控制信号输入端
Echo	回响信号输出端

2. HC-SR04 的主要技术参数

HC-SR04 的电气参数见表 13-3。

表 13-3　HC-SR04 电气参数

电气参数	HC-SR04 超声波模块
工作电压	DC 5V
工作电流	15mA
工作频率	40kHz
最远射程	4m
最近射程	2cm
测量角度	15°
输入触发信号	10μs 的 TTL（晶体管－晶体管逻辑）脉冲
输出回响信号	输出 TTL 电平信号，与射程成比例
规格尺寸	45mm × 20mm × 15mm

13.3.3　硬件连线

实物接线图如图 13-3 所示。

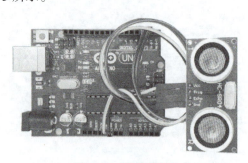

图 13-3　实物接线图

接线对应引脚见表 13-4。

表 13-4　接线对应引脚

Arduino Uno	HC-SR04
VCC	1（VCC）
2	2（Trig）
3	3（Echo）
GND	4（Gnd）

13.4　代码编程

13.4.1　代码知识

1. HC-SR04 的基本工作原理及时序

HC-SR04 的基本工作原理如下：

① 用 I/O 引脚触发测距，给模块至少 10μs 的高电平信号，触发启动。

② 启动后，模块自动发送 8 个 40kHz 的方波，并自动检测是否有信号返回。

③ 当有信号返回时，通过 I/O 引脚输出一高电平，高电平持续的时间就是超声波从发射到返回的时间 t，因此可通过以下公式获得测试距离 s。

$$s = \frac{0.034t}{2}$$

式中，超声波在空气中的传播速度为 $0.034\,\mathrm{cm/\mu s}$。

HC-SR04 工作时序图如图 13-4 所示。

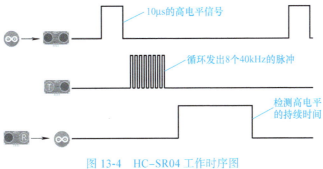

图 13-4　HC-SR04 工作时序图

因此，在编程时最麻烦的就在于如何获取高电平的时间，下面认识 Arduino 的 pulseIn() 函数。

2. pulseIn() 函数

pulseIn() 函数的功能是用来读取一个引脚脉冲（HIGH 或 LOW）所持续的时间。

> 函数格式为：pulseIn（pin，value）;

其中，pin 是指定进行脉冲计时的引脚号；value 是读取的脉冲类型，为 HIGH 或 LOW。例如：

pulseIn（Echo，HIGH）; // 读取 Echo 引脚高电平持续的时间，pulseIn() 会等待引脚变为 HIGH 并开始计时，再等待引脚变为 LOW 并停止计时。

pulseIn（Echo，LOW）; // 读取 Echo 引脚低电平持续的时间，pulseIn() 会等待引脚变为 LOW 并开始计时，再等待引脚变为 HIGH 并停止计时。

13.4.2 程序编写

```
#define TrigPin 2
#define EchoPin 3
float Value_cm;
void setup()
{
    Serial.begin（9600）;
    pinMode（TrigPin，OUTPUT）;
    pinMode（EchoPin，INPUT）;
}
void loop()
{
    digitalWrite（TrigPin，LOW）;                        // 发一个短时间低电平脉冲去触发
    delayMicroseconds（2）;
    digitalWrite（TrigPin，HIGH）;
    delayMicroseconds（10）;
    digitalWrite（TrigPin，LOW）;
    Value_cm=float（pulseIn（EchoPin，HIGH）* 17）/1000;   // 将回波时间换算成 cm
    Serial.print（Value_cm）;
    Serial.println（"cm"）;
    delay（1000）;
}
```

13.4.3 程序拓展

前面章节中分别介绍了液晶显示模块（LCD1602）以及蜂鸣器的控制方法，程序拓展要求结合本章所学，把这些模块组合在一起，编写程序使 Arduino Uno 控制板控制它们协同工作，实现泊车辅助系统对应功能，即能够显示倒车距离，距离过近发出报警提示音。

第 13 章　超声波 HC-SR04 模块实训项目设计

　　具体任务要求为将超声波探测探头与障碍物之间的距离显示到 LCD1602 液晶显示模块上。当显示距离为 80cm 以上时，蜂鸣器不报警；当距离为 30～80cm 时，报警声随距离减小而变急促；当距离小于 30cm 时，蜂鸣器长鸣。

13.5　拓展实训报告

拓展实训名称	泊车辅助系统制作		
材料清单	名称	型号	数量
难点分析			
程序代码			
实训总结			
教师评分			

课后作业

1. [选择] 对 HC-SR04 超声波测距模块描述错误的是（　　）。
A. HC-SR04 具有 2～400cm 的非接触式距离感测功能

B. 模块包括超声发射器、接收器与控制电路

C. 模块自动发送 10 个 40kHz 的方波，自动检测是否有信号返回

D. 共 4 路信号：VCC、Gnd、Trig、Echo

2. [填空] Trig 端口是（　　　　）信号，Echo 端口是（　　　　）信号。

3. [填空] 必须给（　　　　）端子（　　　　）μs 的高电平信号，才能触发模块测距功能。

4. [填空] 超声波模块发出的脉冲频率是（　　　　）Hz。

第 14 章

数码管的使用实训项目设计

14.1 实训描述

数码管是一种可以显示数码的电子器件。根据能够显示的位数,通常有一位数码管、二位数码管和四位数码管,如图 14-1 所示。本章节分别进行一位数码管及四位数码管的显示实训。

图 14-1 数码管实物图

14.2 学习目标

1. 了解数码管的作用。
2. 能区分共阴极数码管和共阳极数码管。
3. 了解一位数码管的显示原理。
4. 了解四位数码管的显示原理。
5. 掌握一位数码管的编程。
6. 掌握四位数码管的编程。

14.3 硬件知识

14.3.1 材料清单

材料清单见表 14-1。

表 14-1 材料

名称	电子元件	数量	功能描述或型号
一位数码管		1 块	数码管分为共阳极及共阴极,本实训采用共阴极数码管,显示数字 0～9 及字母 A～F
四位数码管		1 块	分为普通四位数码管及带芯片四位数码管,能显示四位数字 0～9 及字母 A～F

14.3.2 硬件材料介绍

1. 一位数码管

LED 数码管（LED Segment Displays）是由 8 个发光二极管封装在一起组成"8."字形的器件,连接电路线已在内部相连,只需对引出"8."的各个笔画以及公共电极（com）进行控制,便能实现对应的数字或字母的点亮,常用 LED 数码管显示的数字和字符是 0、1、2、3、4、5、6、7、8、9、A、B、C、D、E、F。这 8 段分别由字母 a、b、c、d、e、f、g、dp 来表示,如图 14-2 所示。

当给数码管特定的段加上电压后,就会发亮,以形成眼睛看到的字样。例如:显示一个数字"2",那么应当是 a、b、g、e、d 五个段亮,其余段不亮。

LED 数码管有亮度不同之分,也有 0.5in（1in=0.0254m）、1in 等尺寸不同的区分。小尺寸数码管显示一笔画,常由一个发光二极管组成,而大尺寸的数码管由 2 个或多个发光二极管组成。在一般情况下,单个发光二极管的管压降为 1.8V 左右,电流不超过 30mA。所以在单独使用数码管时,要在电路中串上保护电阻。

发光二极管各段的阳极连在一起再连接电源正极的数码管称为共阳极数码管,发光二极管的阴极连接到一起再连接电源负极的数码管称为共阴极数码管,如图 14-3 所示。

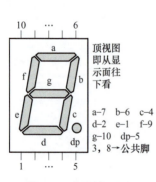

图 14-2 数码管原理图

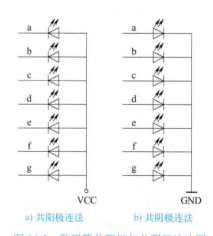

a) 共阳极连法　　b) 共阴极连法

图 14-3 数码管共阳极与共阴极连法图

2. 四位数码管

（1）普通四位数码管　普通四位数码管是将 4 个一位数码管集成在一起的显示器件，其实物图、原理图和引脚图如图 14-4 所示。

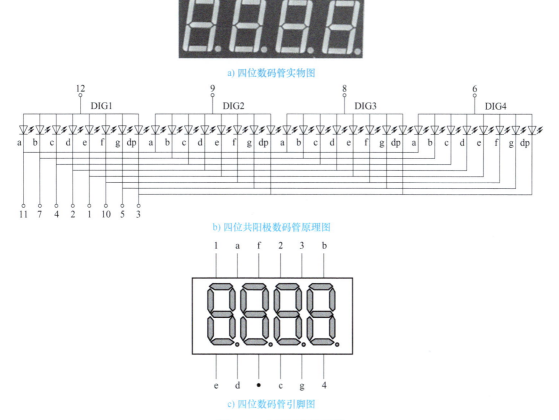

a）四位数码管实物图

b）四位共阳极数码管原理图

c）四位数码管引脚图

图 14-4　普通四位数码管

由图 14-4b 所示原理图可以看出，四位数码管的显示由 12 个引脚进行控制，其中 11、7、4、2、1、10、5、3 八个引脚分别控制数码管显示的字段 a～dp，12、9、8、6 四个引脚分别控制选择哪一位数码管显示，因此称为位选。数码管的阳极连接在一起接到电源正极，因此为共阳极数码管。

普通四位数码管模块的实验原理在之前所学的单个数码管显示原理的基础之上，只需要完成动态扫描显示即可。例如四位共阳极数码管，需要将 Arduino Uno 控制板的 D1、D2、D3、D4 设置为低电平初始化，在动态扫描时，选择相应的位引脚不断扫描输出高电平，再送出显示字段，即可实现动态显示。

四位数码管是不能同时显示的，那么如何实现静态显示"1234"？可以尽可能地缩短位和位之间扫描显示的时间，由于人的眼睛是有视觉暂留的，所以"1234"快速变化时在肉眼看来是静态显示的。

（2）四位数码管模块　在实验中，还会用到四位数码管模块，其由一个 12 引脚的四位七段共阳极数码管和一个控制芯片 TM1637 构成，这类数码管的编程比普通二极管要简单，不需要编写对应的扫描点亮字段以及不断扫描程序，而由模块内部的 TM1637 芯片来实现。实物图如图 14-5 所示。

图 14-5　四位数码管模块实物图

四位数码管模块的规格和参数见表 14-2。

表 14-2　模块规格和参数

项目	最小值	典型值	最大值	单位
电源电压	3.3	5	5.5	DC V
电流（5V）	—	30	80	mA
尺寸		42 × 24 × 12		mm × mm × mm
质量		8		g

该模块有 4 个引脚（GND、VCC、DIO、CLK），其中，GND 为接地端；VCC 为供电电源，5V；DIO 为数据输入/输出（I/O）脚；CLK 为时钟信号脚，可以接任意的数字引脚。

四位数码管模块只需要通过 I^2C 控制 TM1637 就能自动完成扫描显示工作。下面我们通过实验来认识和理解。

14.3.3　硬件连线

1. 一位数码管硬件接线

一位数码管的硬件接线如图 14-6 所示，实际上可看作连接 8 盏 LED 灯，数字接口 7 连接 a 段数码管，数字接口 6 连接 b 段数码管，数字接口 5 连接 c 段数码管，数字接口 10 连接 d 段数码管，数字接口 11 连接 e 段数码管，数字接口 8 连接 f 段数码管，数字接口 9 连接 g 段数码管，数字接口 4 连接 dp 段数码管。图中数码管为共阴极数码管，电路中的电阻起保护作用。

2. 四位数码管硬件接线

（1）普通四位数码管硬件接线　普通四位数码管的硬件接线如图 14-7 所示，其中数码管为共阳极数码管。Arduino Uno 控制板的 D12、D11、D10、D9 分别连接四位数码管位选端；D1 ～ D8 分别连接四位数码管的 a ～ dp 段选端。

第 14 章　数码管的使用实训项目设计

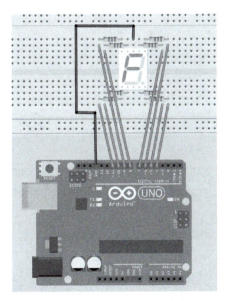

图 14-6　一位数码管的硬件接线图

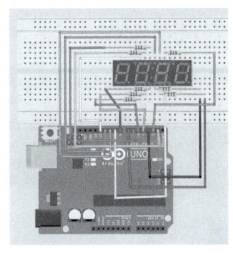

图 14-7　普通四位数码管硬件接线图

（2）带 TM1637 芯片的四位数码管接线　带 TM1637 芯片的四位数码管接线如图 14-8 所示。

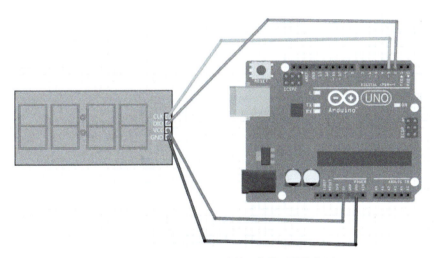

图 14-8　带 TM1637 芯片的四位数码管接线图

接线见表 14-3。

表 14-3　带 TM1637 芯片的四位数码管接线

Arduino 板数字接口	四位数码管显示模块
GND	GND
5V	VCC
D2	DIO
D3	CLK

» 基于 Arduino 平台的单片机控制技术

14.4 图形化编程

14.4.1 知识要点

知识要点见表 14-4。

表 14-4 知识要点

所属模块	指令	功能
Arduino	设置数字引脚 13 ▼ 输出为 高电平 ▼	设置对应引脚为高/低电平,相当于将引脚电压设置为相应的值,HIGH（高电平）为 5V（3.3V 控制板上为 3.3V）,LOW（低电平）为 0V
函数	定义 changelight	函数定义指令
函数	changelight	函数调用指令。定义完新函数后,通过该指令来调用

14.4.2 程序编写

以一位数码管显示数字"5"图形化编程为例,项目程序设计图如图 14-9 所示。

图 14-9 项目程序设计图

14.4.3　程序调整及拓展

1. 程序调整

在上面程序基础上，实现数字循环变化显示"5、6"，程序调整如图 14-10 所示。

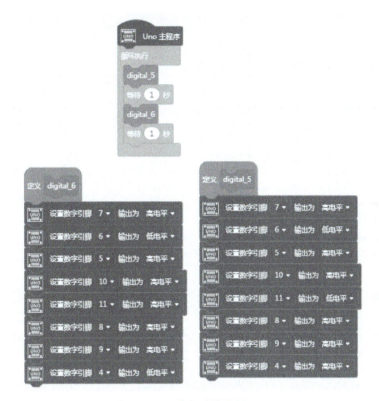

图 14-10　程序调整设计图

2. 程序拓展

学习了一位数码管的连接和编程，拓展使用 2 个一位数码管同时显示数字"60"。

14.5　代码编程

14.5.1　代码知识

一位数码管控制程序与控制 LED 原理相同，而带 TM1637 芯片的四位数码管控制显示程序需要加载"TM1637.h"库。

14.5.2　程序编写

（1）一位数码管显示数字"5"程序

```
int a=7;                        // 定义数字接口 7 连接 a 段数码管
int b=6;                        // 定义数字接口 6 连接 b 段数码管
int c=5;                        // 定义数字接口 5 连接 c 段数码管
int d=10;                       // 定义数字接口 10 连接 d 段数码管
int e=11;                       // 定义数字接口 11 连接 e 段数码管
int f=8;                        // 定义数字接口 8 连接 f 段数码管
int g=9;                        // 定义数字接口 9 连接 g 段数码管
int dp=4;                       // 定义数字接口 4 连接 dp 段数码管
void digital_5（void）          // 显示数字 5
{
  unsigned char j;
  digitalWrite（a, HIGH）;
  digitalWrite（b, LOW）;
  digitalWrite（c, HIGH）;
  digitalWrite（d, HIGH）;
  digitalWrite（e, LOW）;
  digitalWrite（f, HIGH）;
  digitalWrite（g, HIGH）;
  digitalWrite（dp, LOW）;
}
void setup()                    // 初始化
{
  int i;                        // 定义变量
  for（i=4; i<=11; i++）
  pinMode（i, OUTPUT）;         // 设置 4～11 引脚为输出模式
}
void loop()
{
  while（1）
  {
    digital_5();                // 显示数字 5
  }
}
```

（2）带 TM1637 芯片的四位数码管显示数字"1234"程序

```
#include "TM1637.h"
#define CLK 3
#define DIO 2
Int8_t ListDisp[]={1, 2, 3, 4};             // 函数名可任意
TM1637 tm1637（CLK, DIO）;
void setup()
{
```

```
    tm1637.init();
    tm1637.set（BRIGHT_TYPICAL）;           // 设置背光亮度
             //BRIGHT_TYPICAL=2，BRIGHT_DARKEST=0，BRIGHTEST=7;
    tm1637.point（POINT_OFF）;
}
void loop()
{
    while（1）
    {
       tm1637.display（0，ListDisp[0]）;
       tm1637.display（1，ListDisp[1]）;
       tm1637.display（2，ListDisp[2]）;
       tm1637.display（3，ListDisp[3]）;
       delay（300）;
    }
}
```

14.5.3 程序调整及拓展

1. 程序调整

在一位数码管显示程序的基础上,实现数字循环变化显示"5、6"代码。

```
int a=7;
int b=6;
int c=5;
int d=10;
int e=11;
int f=8;
int g=9;
int dp=4;
void digital_5（void）           // 显示数字 5
{
    unsigned char j;
    digitalWrite（a，HIGH）;
    digitalWrite（b，LOW）;
    digitalWrite（c，HIGH）;
    digitalWrite（d，HIGH）;
    digitalWrite（e，LOW）;
    digitalWrite（f，HIGH）;
    digitalWrite（g，HIGH）;
    digitalWrite（dp，LOW）;
}
void digital_6（void）           // 显示数字 6
{
```

```
    unsigned char j;
    digitalWrite（a, HIGH）;
    digitalWrite（b, LOW）;
    digitalWrite（c, HIGH）;
    digitalWrite（d, HIGH）;
    digitalWrite（e, HIGH）;
    digitalWrite（f, HIGH）;
    digitalWrite（g, HIGH）;
    digitalWrite（dp, LOW）;
}
void setup()                    // 初始化
{
    int i; // 定义变量
    for（i=4; i<=11; i++）
    pinMode（i, OUTPUT）;        // 设置4～11引脚为输出模式
}
void loop()
{
    digital_5();                // 显示数字5
    delay（1000）;
    digital_6();                // 显示数字6
    delay（1000）;
}
```

2. 程序拓展

利用人眼"视觉暂缓"特性，结合普通四位数码管的控制显示原理，设计电路及编写控制程序实现两个一位数码管同时显示"60"。

14.6　拓展实训报告

拓展实训名称	两个一位数码管同时显示数字"60"		
	名称	型号	数量
材料清单			

（续）

拓展实训名称	两个一位数码管同时显示数字"60"
难点分析	
程序代码	
实训总结	
教师评分	

课后作业

1. [填空] 数码管根据接线方式不同，可以分为（　　　　）数码管和（　　　　）数码管。

2. [填空] 一位数码管由（　　　　）段 LED 灯管构成。

3. [填空] 数码管按段数分为（　　　　）段数码管和（　　　　）段数码管。

4. [判断] 按数码管的显示原理，四位数码管可以同时显示 4 个不同的数字。

（　　　　）

第 15 章

I²C 接口的 LCD12864 显示实训项目设计

15.1 实训描述

此前学习了 LCD1602 的显示,但一次最多显示 32 个字符,而 LCD12864 能显示 128 列、64 行的内容,能显示的内容更多样化。本实训要求控制 LCD12864 多样显示。

15.2 学习目标

1. 认识 I²C 接口的 LCD12864。
2. 了解并行和串行传输两种传输模式。
3. 了解传统 LCD12864 和 LCD12864 模块的不同。
4. 理解温湿度传感器工作原理。
5. 学会使用 LCD12864 模块函数库。
6. 了解如何显示汉字的取模操作。

15.3 硬件知识

15.3.1 材料清单

材料清单见表 15-1。

表 15-1 材料

名称	电子元件	数量	功能描述或型号
LCD12864		1 块	带 I²C 功能模块,显示字符及图案

（续）

名称	电子元件	数量	功能描述或型号
电位器（10kΩ）		1个	用于调节 LCD 显示屏对比度

15.3.2　LCD12864 介绍

LCD1602 是字符型的屏幕，而 LCD12864 则是点阵屏。点阵屏指由 128 列和 64 行共 128×64 个像素点组成的屏幕，和平时用的显示器不同（多色显示），这些像素点只有两种状态：亮和灭。LCD12864 的显示控制实际上是通过控制像素的亮灭，组成想要实现的图像。相对 LCD1602 而言，LCD12864 更为强大，甚至可以在上面显示自定义的图案。LCD12864 共 20 个引脚，引脚定义见表 15-2。

表 15-2　LCD12864 引脚

编号	丝印/符号	引脚说明
1	GND	电源地
2	VCC	电源正极，供电电压为 3.0～5.5V
3	V0	LCD 驱动电压输入，悬空
4	RS（CS）	并行：数据/命令选择，串行：片选信号
5	R/W（SID）	并行：读/写选择，串行：数据口
6	E（CLK）	并行：使能信号，串行：时钟信号
7	DB0	数据
8	DB1	数据
9	DB2	数据
10	DB3	数据
11	DB4	数据
12	DB5	数据
13	DB6	数据
14	DB7	数据
15	PSB	并/串行选择，高电平并行，低电平串行
16	NC	悬空
17	RST	复位，低电平有效
18	VOUT	倍压输出脚，VCC=3.3V 时有效，可以悬空
19	BLA	背光电源正极
20	BLK	背光电源负极

15.3.3　硬件接线

Arduino 控制 LCD12864 有两种接线通信方式，即串行传输模式和并行传输模式，如

图 15-1 所示。表 15-3 和表 15-4 分别为两种接线方式接线表。

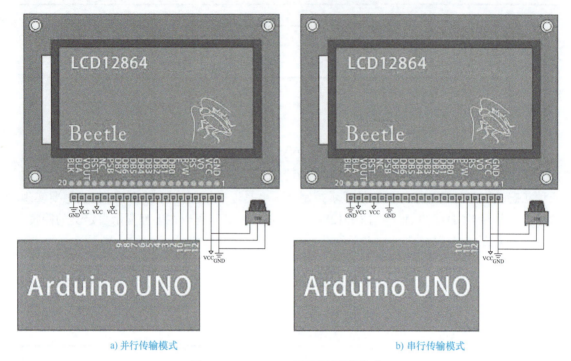

a) 并行传输模式　　　　　　　　　　b) 串行传输模式

图 15-1　LCD12864 两种接线通信方式

表 15-3　并行传输模式引脚接线对应

LCD12864	Arduino
BLA、RST、PSB、VCC	VCC
BLK	GND
DB0～DB7	D2～D9
E	D10
R/W	D11
RS	D12

其中，滑动变阻器固定端引脚接 GND 及 VCC，滑片端接 LCD12864 的 V0，以调节背光源。

表 15-4　串行传输模式引脚接线对应

LCD12864	Arduino
BLA、RST、VCC	VCC
PSB、BLK	GND
E	D10
R/W	D11
RS	D12

第 15 章 I²C 接口的 LCD12864 显示实训项目设计

从图 15-1 及串并行通信的特性可以看出，并行传输的优点在于多屏交替显示时，其刷屏速度快，但缺点在于占用了 11 个 I/O 口，占用较多 I/O 口资源。串行传输的优点即占用 I/O 口资源少，仅占用了三个 I/O 口，缺点就是刷屏的速度很慢。

带 I²C 接口的 LCD12864 与普通 LCD12864 相比优点如下：

1）接线方便，比普通的 LCD12864 接线要简单很多。
2）代码编写容易，提供了丰富的 Arduino 库函数。
3）提供画点、线、圆和方框等基础绘制函数，方便做简单的界面设计。
4）支持中文 12 和 16 两种大小的 GB2312 字库、5×7/8×16 的英文字库等，不局限于特定地址显示汉字，能任意位置显示，显示更容易。
5）背光亮度代码可调节。

本实训采用带 I²C 接口的 LCD12864 进行显示控制，其硬件连线如图 15-2 所示。

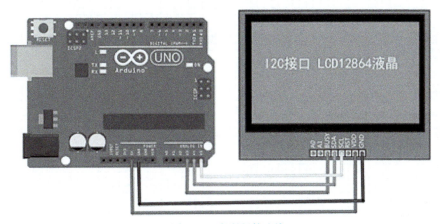

图 15-2　实训硬件连线

15.4　代码编程

15.4.1　代码知识

本实训需要加载 "RSCG12864B.h" 函数库，使用函数库内函数即可对 LCD12864 进行控制显示。

15.4.2　程序编写

```
#include <RSCG12864B.h>
char chn[]={/* 显示汉字内容请自行取模转码 */, 0};    // 最后加 0，为了让显示函数能判定何时结束
void setup() {
  RSCG12864B.begin();                              // 显示屏初始化
```

```
    RSCG12864B.brightness（10）;              //0～255 表示调节背光亮度，越大越亮
}
void loop() {
  RSCG12864B.clear();
  RSCG12864B.print_string_16_xy（0，0，chn）;
  RSCG12864B.print_string_16_xy（0，16，"ILoveMCU."）;    //x=0, y=16, " 显示内容 "
  RSCG12864B.print_string_16_xy（30，32，"study"）;
  delay（3000）;
  RSCG12864B.clear();
  RSCG12864B.print_string_12_xy（0，15，chn）;
  RSCG12864B.print_string_12_xy（8，35，"ilovemcu"）;
  delay（3000）;
  RSCG12864B.clear();
  RSCG12864B.font_revers_on();                  // 反白操作
  RSCG12864B.print_string_12_xy（25，0，"Built-in font"）;
  RSCG12864B.font_revers_off();                 // 关闭反白
  delay（3000）;
  RSCG12864B.clear();
  RSCG12864B.draw_rectangle（0，50，127，63）; //x=0-127; y=50-63
  while（1）;
  for（int i=2; i<=125; i++）
  {
    RSCG12864B.draw_fill_rectangle（2，52，i，61）;
    delay（100）;
  }
    delay（3000）;
  char text[50];
  RSCG12864B.clear();
  for（int i=0; i<100; i++）
  {
    sprintf（text，"i love kunming %d"，i）;
    RSCG12864B.print_string_12_xy（0，20，text）;
    delay（1000）;
  }
}
```

15.4.3　程序拓展

调节程序，显示其他不同形式的图案。

15.5 拓展实训报告

拓展实训名称	LCD12864 显示图案		
材料清单	名称	型号	数量
难点分析			
程序代码			
实训总结			
教师评分			

课后作业

1. [填空] LCD12864 显示屏可以显示（   ）行、（   ）列共（   ）个字符。

2. [填空] Arduino 控制普通模式的 LCD12864 有两种接线通信方式，分别为（   ）和（   ）。

3. [填空] 带 I²C 接口的 LCD12864 采用的接线通信方式是（   ）。

4. [判断] LCD12864 采用并行传输的优点在于多屏交替显示时，其刷屏速度快，占用串口资源少。（   ）

5. [判断] LCD12864 与 LCD1602 相同，内部不包含中文字库。（   ）

第 16 章

蓝牙模块实训项目设计

16.1 实训描述

蓝牙功能很常见,比如共享单车的解锁关锁,或充电宝的租借,同时绝大部分的手机都包含了蓝牙功能,以便进行小数据、短距离无线通信。本实训使用 JDY16 蓝牙模块控制 RGB 变化不同的颜色。

16.2 学习目标

1. 认识什么是蓝牙。
2. 掌握蓝牙的测试方法。
3. 了解蓝牙模块的特性及引脚接线方式。
4. 了解软串口库函数。
5. 掌握蓝牙控制编程方法,能结合之前所学设计无线控制程序。

16.3 硬件知识

16.3.1 材料清单

材料清单见表 16-1。

表 16-1 材料

名称	电子元件	数量	功能描述或型号
蓝牙 JDY16 模块		1 块	实现无线蓝牙通信
RGB LED 模块		1 块	实现多种显色变化显示

16.3.2 硬件材料介绍

蓝牙这个名词并不陌生，手机上就内置有蓝牙模块，蓝牙技术也是众多智能终端的标配，提高了通信的便捷性。比如智能家居中，智能灯、智能窗帘和智能插座等都有内置蓝牙模块。

在概念上，蓝牙技术是一种无线数据和语音通信开放的全球规范，它是基于低成本的近距离无线连接，为固定和移动设备建立通信环境的一种特殊的近距离无线技术连接。蓝牙使当前的一些便携移动设备和计算机设备能够不需要电缆就能无线连接到互联网。

本实训用到的蓝牙模块型号为 JDY16，实物如图 16-1 所示。

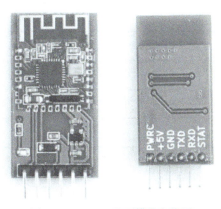

图 16-1　JDY16 蓝牙模块实物图

16.3.3 实训硬件连线

本实训使用到 JDY16 蓝牙模块，可使用手机控制 RGB LED 模块颜色变化，硬件材料接线如图 16-2 所示。

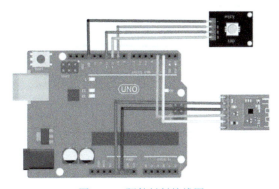

图 16-2　硬件材料接线图

JDY16 蓝牙模块接线见表 16-2。

表 16-2　JDY16 蓝牙模块接线

JDY16 蓝牙模块	Arduino
GND	GND
VCC	5V
TXD	3
RXD	2

共阴极 RGB LED 接线见表 16-3。

表 16-3　共阴极 RGB LED 接线

共阴极 RGB LED 模块	Arduino	导通电压
GND	GND	
Red	11	1.8～2.6V
Green	10	2.8～3.6V
Blue	9	2.8～3.6V

16.4　蓝牙测试

16.4.1　Arduino 与蓝牙模块的接线

蓝牙模块有 4 个引脚，分别为蓝牙接收引脚（RXD）、蓝牙发送引脚（TXD）、电源引脚（需接 5V）和 GND 引脚（接地）。

这 4 个引脚和 Arduino 之间的连接见表 16-4。

表 16-4　Arduino 与蓝牙模块接线

Arduino Uno	蓝牙模块
（VCC）5V	5V
GND	GND
3	TXD
2	RXD

测试硬件连接图如图 16-3 所示。

图 16-3　测试硬件接线图

16.4.2　烧录蓝牙测试程序

1）打开"bleTest.ino"文件，在程序中使用到了之前学习到的串口函数，同时还出现了一个新的串口库，先来学习一下这个串口库的作用。

在 Arduino Uno 上，提供了 0（RX）、1（TX）一组硬件串口，可与外围串口设备通信，如果要连接更多的串口设备，可以使用软串口。软串口是由程序模拟实现的，使用方法类似硬件串口。除 HardwareSerial 外，Arduino 还提供了 SoftwareSerial 类库，它可以将其他数字引脚通过程序模拟成串口通信引脚。

软串口类库并非 Arduino Uno 核心类库，因此使用前需要先声明包含 SoftwareSerial.h 头文件。

其中定义的成员函数与之前所讲硬件串口类似，available()、begin()、read()、write()、print() 和 println() 等用法相同。

此外，软串口类库还有成员函数 SoftwareSerial()，是程序中使用到的，它是 SoftwareSerial 类的构造函数，通过它可指定软串口 RX、TX 引脚。

语法如下：

或 SoftwareSerial mySerial（rxPin，txPin）;

两种编写均合法，编程注意库函数名称区分大小写。

2）打开 Arduino IDE 软件，单击"工具"→"端口：COM7"（不同板子端口号不同），如图 16-4 所示。

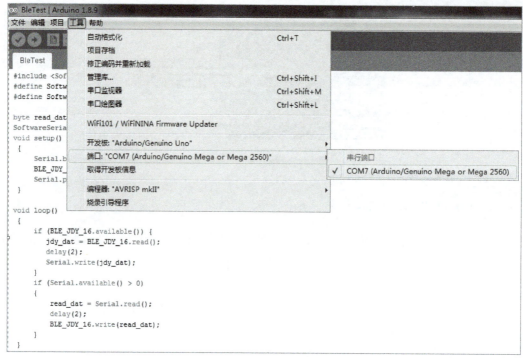

图 16-4 端口选择

3）单击"工具"→"编程器 ArduinoISP",如图 16-5 所示。然后单击"上传"按钮,开始上传程序。

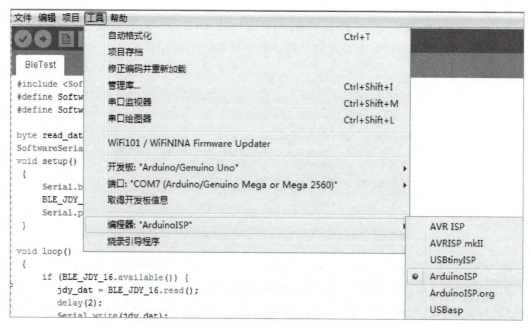

图 16-5 编程器选择

4）成功烧录后,将蓝牙模块正确插到 Arduino Uno 对应插孔上（注意蓝牙的发送和接收引脚不要接反，同时不能将电源线接到数据脚上，以防烧坏），检查接线正确后，给 Arduino Uno 上电，观察现象。

16.4.3　手机连接蓝牙

1）在安卓手机上安装 BLETestTool APP（应用），APP 的安装包如图 16-6 所示。

图 16-6　APP 安装包

2）打开 Arduino IDE 中的串口监视器。

3）打开手机蓝牙，然后打开 APP，在设备列表中选中蓝牙型号模块，连接成功后 APP 上会提示，如图 16-7 所示。首次连接默认密码一般为"1234"。

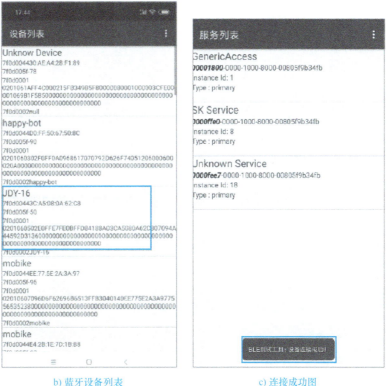

　　a) APP图　　　　　　　　b) 蓝牙设备列表　　　　　　　c) 连接成功图

图 16-7　蓝牙 APP 配置图

4）在服务列表选择"SK Service"，在特性列表中选择"SK_KEYPRESSED"，如图 16-8 所示。

5）选择"写入"，进入写入字符页面，写入一个字符串，如"1234"，能观察到串口监视器显示 1234 字样，在串口监视器写入"1235"，此时 APP 端会收到，则证明蓝牙通信正常，显示与发送页面操作说明如图 16-9 所示。

基于 Arduino 平台的单片机控制技术

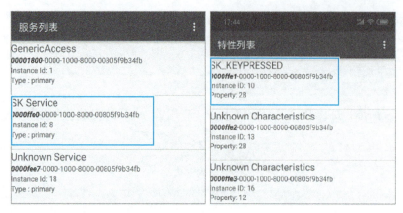

a) 服务列表　　　　　　　　b) 特性列表

图 16-8　服务列表及特性列表配置

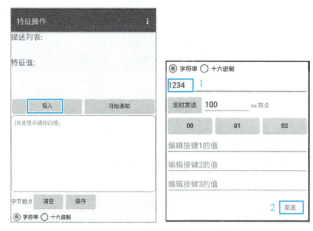

a) 写入字符

b) 串口监视器显示与发送

图 16-9　显示与发送页面操作说明图

16.5 代码编程

16.5.1 代码知识

本实训需加载 ProtocolParser.h 及 SoftwareSerial.h 库，其中 SoftwareSerial.h 为软串口库。同时手机上需安装 keywishRot APP，打开 APP 连接上蓝牙模块后选择 panther-tank，再选择 RGB 模式，即在手机 APP 上调节 RGB LED 的颜色。

16.5.2 程序编写

```
#include "ProtocolParser.h"
#include <SoftwareSerial.h>
#define Software_TX 2                              // 软串口引脚分配
#define Software_RX 3
SoftwareSerial BLE_JDY_16（Software_RX，Software_TX）;
#define RGB_RED    10                              //RGB 引脚定义
#define RGB_GREEN  11
#define RGB_BLUE
long color;
ProtocolParser *mProtocol=new ProtocolParser();    // 协议解析库函数
void setup() {
    Serial.begin（9600）;
    BLE_JDY_16.begin（9600）;
    pinMode（RGB_RED, OUTPUT）;
    pinMode（RGB_GREEN, OUTPUT）;
    pinMode（RGB_BLUE, OUTPUT）;
    delay（100）;
}
void setColor（int red，int green，int blue）
{
    analogWrite（RGB_RED, red）;
    analogWrite（RGB_GREEN, green）;
    analogWrite（RGB_BLUE, blue）;
}
void loop() {
    static bool recv_flag;
    mProtocol->RecvData();
    recv_flag=mProtocol->ParserPackage();
    if（recv_flag）{
      switch（mProtocol->GetRobotControlFun()）{
        case E_LED:
```

```
                color=mProtocol->GetRgbValue();
                setColor（color>>16,（color>>8）&0xFF, color&0xFF）;
                break;
            }
        }
        return;
    }
```

16.5.3　程序拓展

在进行蓝牙模块实训时，需要注意蓝牙引脚的连接，不能接反，烧录好程序，正确连接后，再上电。测试蓝牙模块是串口蓝牙，在使用时要使用对应 APP 连接，不能通过手机自带的蓝牙连接。在使用模块前需要进行测试，确认蓝牙模块通信正常。确认硬件接线及蓝牙模块正常，可拓展自行开发设计或利用现有蓝牙 APP，实现个性化控制。本拓展实训为通过使用蓝牙模块，手机控制舵机及电动机，模拟智能风扇。

16.6　拓展实训报告

拓展实训名称	智能风扇制作		
材料清单	名称	型号	数量
难点分析			
程序代码			

（续）

拓展实训名称	智能风扇制作
实训总结	
教师评分	

课后作业

1. [判断] Arduino Uno 上，仅提供了 0（RX）、1（TX）一组硬件串口，如果要连接更多的串口设备，可以使用软串口，软串口 RX、TX 引脚可自定义。（　　）

2. [综合设计题] 使用蓝牙模块，实现手机控制小车前进、后退、左转及右转。

第 17 章

WiFi 模块实训项目设计

17.1 实训描述

WiFi 也是一种无线通信方式,更是现下必不可少的通信方式之一,其通信距离比蓝牙更大,数据传输速度更快,能支持大数据包快速实时传输。WiFi 模块的配置比蓝牙模块相对麻烦,本实训使用 DT-06 WiFi 模块实现控制 RGB LED。

17.2 学习目标

1. 认识什么是 WiFi。
2. 了解 WiFi 模块 DT-06 的引脚及功能。
3. 掌握 WiFi 模块配置。
4. 掌握 WiFi 测试方法。
5. 能结合之前所学,设计综合智能产品。

17.3 硬件知识

17.3.1 材料清单

材料清单见表 17-1。

表 17-1 材料

名称	电子元件	数量	功能描述或型号
DT-06 WiFi 透传模块		1 块	实现无线 WiFi 通信
RGB LED 模块		1 块	实现多种显色变化显示

17.3.2 硬件材料介绍

WiFi 在中文里又称为"行动热点",是 WiFi 联盟制造商的商标作为产品的品牌认证,是一个创建于 IEEE 802.11 标准的无线局域网技术。

在互联网时代,各种无线通信技术飞速发展,其中 WiFi 技术已经被熟知并广泛应用在很多领域。如果把 WiFi 技术和单片机技术相结合,就可以实现对很多对象的无线感知和操控,本章学习如何配置和使用 WiFi 模块。在本章中,使用到的 WiFi 模块型号为 DT-06,从 DT-06 的产品说明书中,可以了解产品的特性和配置。DT-06 为 WiFi 透传模块,"透传"指的是透明传输,即 WiFi 直接转串口输出,不需要 AT 指令等环节,使用 Web 设置,直接传输数据,降低编程控制的难度,配置好后,直接写串口应用即可进行传输。图 17-1 为 DT-06 模块实物图。

图 17-1 DT-06 模块实物图

17.3.3 DT-06 引脚及功能

DT-06 产品引脚及功能见表 17-2。

表 17-2 DT-06 产品引脚及功能

引脚名称	类型	功能说明
STATE	I/O	GPIO4;内置透传固件,指示网络连接状态;STA 模式下连上无线路由器,STATE 输出低电平
RXD	I/O	GPIO3;模块内部已串联 22Ω 限流电阻,可接外部 5.0V 电平,可用作烧写 Flash 时 UART Rx
TXD	I/O	GPIO1;模块内部已串联 22Ω 限流电阻,可接外部 5.0V 电平,可用作烧写 Flash 时 UART Tx
GND	P	GND
VCC	P	模块电源:4.5～6.0V,推荐使用 5V 供电
EN	I	芯片使能端,高电平有效,芯片正常工作,低电平芯片关闭

17.3.4 实训硬件连线

在完成 WiFi 配置并能成功使用后,按图 17-2 所示实训电路接线图进行硬件接线。

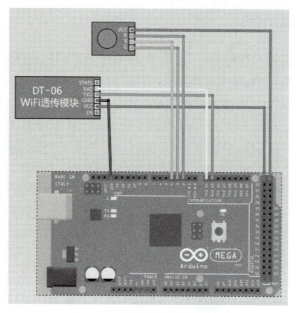

图 17-2　实训电路硬件接线图

17.4　WiFi 模块配置

17.4.1　连接 WiFi

在 WiFi 模块配置之前，需要和配置路由器一样，先接入到 WiFi 上，才能进行配置，因此采用一个 USB-TTL 模块，能方便地测试和配置 WiFi，接线图如图 17-3 所示。USB-TTL 模块的另一侧连接计算机的 USB 口即可。

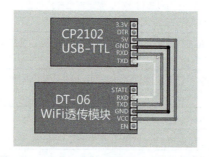

图 17-3　DT-06 连接 USB-TTL 模块接线图

接好后，打开手机，连接上此 WiFi 模块热点，在出厂设置中，固件默认工作在 AP 模式，WiFi 模块主动发出来的热点名称为 "Doit_WiFi_xxxxxx"，其中 "xxxxxx" 是该模块的 MAC 地址后六位，热点无密码。WiFi 配网状态打开如图 17-4 所示。

第 17 章　WiFi 模块实训项目设计

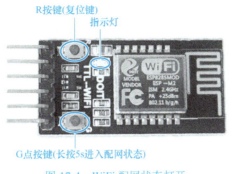

图 17-4　WiFi 配网状态打开

17.4.2　页面配置

接入后，需要在浏览器输入产品默认 IP 地址"192.168.4.1"，进入配置页面进行配置。一共有 STATUS、MODULE 和 MORE 三个界面。STATUS 界面如图 17-5 所示。

图 17-5　STATUS 界面配置图

详细的配置参照产品说明书（TTL-WiFi 透传产品使用手册），着重配置 MODULE 菜单下的 WiFi 配置（使能并配置接入路由器及路由器密码）和 Networks（网络配置，即设置本机作为服务器或连接到某个服务器），此处不再赘述。

服务器的配置可以使用网络调试助手，即 ![NetAssist] 进行配置，如图 17-6 所示。

调试好后，在 Networks 里设置 WiFi 作为客户端，即选择 TCP client，设置云端的主机地址和端口，填写为以上测试主机的主机地址及端口号，单击保存。

» 基于 Arduino 平台的单片机控制技术

a) 设置服务器

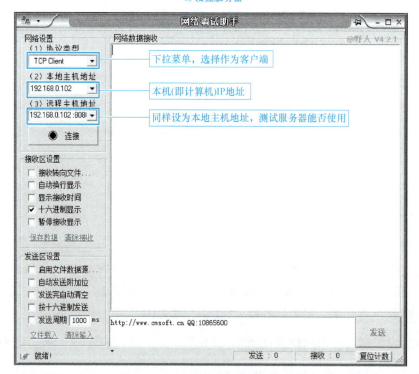

b) 设置客户端

图 17-6 服务器的配置

第 17 章　WiFi 模块实训项目设计

设置好后等待重启，断开 WiFi 模块接线，重新连接，再返回查看 STATUS 设备状态，查看是否连接成功。

17.4.3　WiFi 测试

由于 WiFi 模块是通过电平转换芯片接到计算机中的，因此调试 WiFi 模块可以使用串口调试助手（SSCOM 3.3）与服务器（网络调试助手）进行收发测试，即串口调试助手为 WiFi 模块，网络调试助手为服务器。收发结果如图 17-7 所示，说明 WiFi 已配置好，能正常使用。

a) WiFi 端数据

b) 服务器端数据

图 17-7　收发结果

在之前所学习的传感器的使用中，传感器的值都是经过 Arduino 的串口以有线的形式进行显示的，那么学习了 WiFi 模块的使用之后，直接将传感器的数据发送接口接到 WiFi 模块的接收引脚，服务器端接收引脚接 WiFi 的发送引脚即可实现将传感器的数据无线接入到服务器端，如图 17-8 所示。

图 17-8　无线传输图

17.5　代码编程

17.5.1　代码知识

本实训使用到两组串口，因此使用的主板是 Arduino Mega 系列多串口板。程序编写使用到的是串口相关知识点。

17.5.2　程序编写

```
#define WIFISerial Serial3
#define DEBUGSerial Serial
#define LED_R 2
#define LED_G 3
#define LED_B 4
#define LED_ON   LOW
#define LED_OFF HIGH
const unsigned int WIFIRxBufferLength=100;
char WIFIRxBuffer[WIFIRxBufferLength];
unsigned int WIFIBufferCount=0;

void setup() // 初始化内容
{
  pinMode（LED_R, OUTPUT）;
  pinMode（LED_G, OUTPUT）;
  pinMode（LED_B, OUTPUT）;
  digitalWrite（LED_R, LED_OFF）;
  digitalWrite（LED_G, LED_OFF）;
  digitalWrite（LED_B, LED_OFF）;
```

第 17 章　WiFi 模块实训项目设计

```
    WIFISerial.begin（9600）;                    // 定义波特率值为 9600
    DEBUGSerial.begin（9600）;
    DEBUGSerial.println（"Wating..."）;
}
void loop()           // 主循环
{
    while（WIFISerial.available()）{
        char buffer=   WIFISerial.read();
        WIFIRxBuffer[WIFIBufferCount++]=buffer;
        if（WIFIBufferCount==WIFIRxBufferLength）clrRxBuffer();
        DEBUGSerial.write（buffer）;              // 收到数据，则通过 Serial 输出
    }
    if（strstr（WIFIRxBuffer，"RON"）!=NULL）
    {
        digitalWrite（LED_R，LED_ON）;
        clrRxBuffer();
    }
    else if（strstr（WIFIRxBuffer，"ROFF"）!=NULL）
    {
        digitalWrite（LED_R，LED_OFF）;
        clrRxBuffer();
    }
    if（strstr（WIFIRxBuffer，"GON"）!=NULL）
    {
        digitalWrite（LED_G，LED_ON）;
        clrRxBuffer();
    }
    else if（strstr（WIFIRxBuffer，"GOFF"）!=NULL）
    {
        digitalWrite（LED_G，LED_OFF）;
        clrRxBuffer();
    }
    if（strstr（WIFIRxBuffer，"BON"）!=NULL）
    {
        digitalWrite（LED_B，LED_ON）;
        clrRxBuffer();
    }
    else if（strstr（WIFIRxBuffer，"BOFF"）!=NULL）
    {
        digitalWrite（LED_B，LED_OFF）;
        clrRxBuffer();
    }
}
```

```
void clrRxBuffer（void）
{
  memset（WIFIRxBuffer，0，WIFIRxBufferLength）;        // 清空
  WIFIBufferCount=0;
}
```

17.5.3　程序拓展

学习了蓝牙和 WiFi 模块之后，和之前所学的硬件设备结合，就可以实现生活中的智能控制，如智能家居、智能汽车和智能医疗设备的控制。

17.6　拓展实训报告

拓展实训名称	WiFi 模块通信综合实训		
材料清单	名称	型号	数量
难点分析			
程序代码			
实训总结			
教师评分			

第 17 章　WiFi 模块实训项目设计

课后作业

[综合设计题] 使用 WiFi 模块，实现智能家居设计，要求智能家居要结合实际，传感器设备部署种类不少于 3 类，控制设备种类不少于 5 类。

参 考 文 献

[1] 芦关山，王绍锋. Arduino 程序设计实例教程 [M]. 北京：人民邮电出版社，2017.
[2] 罗亮. Arduino 物联网入门：通信篇 [M]. 北京：清华大学出版社，2018.
[3] 陈纪钦，谢智阳，周旭华. 单片机控制技术：基于 Arduino 平台的项目式教程 [M]. 北京：机械工业出版社，2021.